BEI GRIN MACHT SICH IHR WISSEN BEZAHLT

- Wir veröffentlichen Ihre Hausarbeit, Bachelor- und Masterarbeit
- Ihr eigenes eBook und Buch - weltweit in allen wichtigen Shops
- Verdienen Sie an jedem Verkauf

Jetzt bei www.GRIN.com hochladen und kostenlos publizieren

Bibliografische Information der Deutschen Nationalbibliothek:

Die Deutsche Bibliothek verzeichnet diese Publikation in der Deutschen Nationalbibliografie; detaillierte bibliografische Daten sind im Internet über http://dnb.d-nb.de/ abrufbar.

Impressum:

Druck und Bindung: Books on Demand GmbH, Norderstedt Germany
ISBN: 9783668528901

Dieses Buch bei GRIN:

http://www.grin.com/de/e-book/375238/ernaehrungsberatung-und-ernaehrungskonzept-alternativen-zu-den-empfehlungen

Sebastian Kaiser

Ernährungsberatung und Ernährungskonzept. Alternativen zu den Empfehlungen der Deutschen Gesellschaft für Ernährung

GRIN Verlag

Abschlussarbeit Ernährungsberater B-Lizenz

Die Ernährungsberatung für den fiktiven Klienten Herr Peter Meier
-ein Ernährungskonzept über 12 Wochen-

Eingereicht bei:

Academy of Sports GmbH

Lange Äcker 2

71522 Backnang

Eingereicht von:

M.Sc. Sebastian Kaiser

31.07.2015

Köln

Inhalt

Abbildungsverzeichnis

Abbildung 7: Energiemenge und Makronährstoffe nach dem Ernährungsprotokoll.
Eigene Darstellung, Berechnung aus dem Ernährungsprotokoll des fiktiven Kunden Peter Meier.
Abbildung 8: PAL Werte in Abhängigkeit des persönlichen Aktivitätsprofil.
Eigene Darstellung in Anlehnung an: www.sportunterricht.ch: Energieberechnungen.
http://www.sportunterricht.ch/Theorie/Energie/energie.php
Letzter Zugriff am 16.06.2015.

Abbildung 9: Verteilung der Makronährstoffe in der bisherigen Ernährung von Peter Meier.
Eigene Darstellung, Berechnung der Werte sind dem fiktiven Ernährungsprotokoll entnommen.

Abbildung 10: Verteilung der Makronährstoffe im neuen Ernährungsplan von Peter Meier.
Eigene Darstellung. Basis sind Näherungswerte auf Grundlage der Ernährungsempfehlungen.

Inhaltsverzeichnis

1. Einleitung

Diese Abschlussarbeit behandelt die Ernährungsberatung für den fiktiven Klienten Peter Meier. Die Deutsche Gesellschaft für Ernährung (DGE) gibt umfassende Ernährungsempfehlungen heraus. Ich stehe diesen Empfehlungen kritisch gegenüber – unter anderem deshalb, weil ich unter ärztlicher Aufsicht ein vierwöchiges Ernährungs-Experiment durchgeführt habe: Darin habe ich wesentliche „wichtige" Lebensmittel vollständig gemieden, unter anderem jegliche Milch- und Vollkorn-Getreideprodukte. Im Ergebnis verbesserten sich die gemessenen Blutwerte, der Cholesterinspiegel (LDL) sank, HDL stieg. Weiter reduzierte sich das Körperfett, vor allem an der Taille, wo es (da Anzeichen für Organverfettung, Stichwort viszerales beziehungsweise intraabdominales Körperfett) am kritischsten ist. Auch alle anderen Werte verbesserten sich bzw. blieben in einem positiven Bereich., die sportliche Leistungsfähigkeit blieb erhalten. Daher werde ich auch in dieser Arbeit nicht den Empfehlungen der DGE folgen. Ich werde den Standpunkt der DGE und der üblichen Literatur darlegen und kritisch hinterfragen, möchte aber keinem (auch keinem fiktiven) Klienten eine Ernährung nach den Richtlinien der DGE empfehlen, da ich sie als kontraproduktiv bis gefährlich erachte.

Welchen Stellenwert die Ernährungsberatung mit dem Ziel der Gewichtsreduktion mittlerweile erlangt hat, verdeutlicht folgende Entwicklung: Infolge von Über- und gleichzeitig Fehlernährung kam es in den letzten Jahren in allen Industrienationen zu einer deutlichen Zunahme von Übergewicht: Zum Beispiel in den USA von im Schnitt 25% der Gesamtbevölkerung im Jahre 1976 auf 55% im Jahre 1991 bezogen auf die Gesamtbevölkerung zwischen 20 und 74 Jahren, Tendenz weiter steigend.[1] Der prinzipielle evolutionäre Trend des Menschen in Bezug auf seine Ernährung geht nämlich von voluminösen, energiearmen Lebensmitteln zu Nahrung mit niedrigem Volumen mit einer gleichzeitig höheren Energiedichte und Nährstoffkonzentration.[2] Dies wirkt sich auch auf die Mortalität aus: In Deutschland ist der Anteil von Todesfällen durch bedeutende ernährungsabhängige Krankheiten von 16% im Jahr 1925 auf 55% im Jahr 1999 gestiegen.[3] Den Zusammen-

---

[1] Vgl. Hamann/ Nawroth/ Tafel, Ernährung und Lifestyle, 2007, S. 1018.

[2] Vgl. Hahn/ Ströhle, Evolutionäre Ernährungswissenschaft und steinzeitliche Ernährungsempfehlungen: Stein der alimentären Weisheit oder Stein des Anstoßes, 2008, S. 96.

[3] Vgl. Lang/ Steinbach, Lehrskript Ernährungsberatung, S. 28.

hang zwischen dem Body-Mass-Indes und kardiovaskulären Risikofaktoren unterstreicht folgende Grafik:

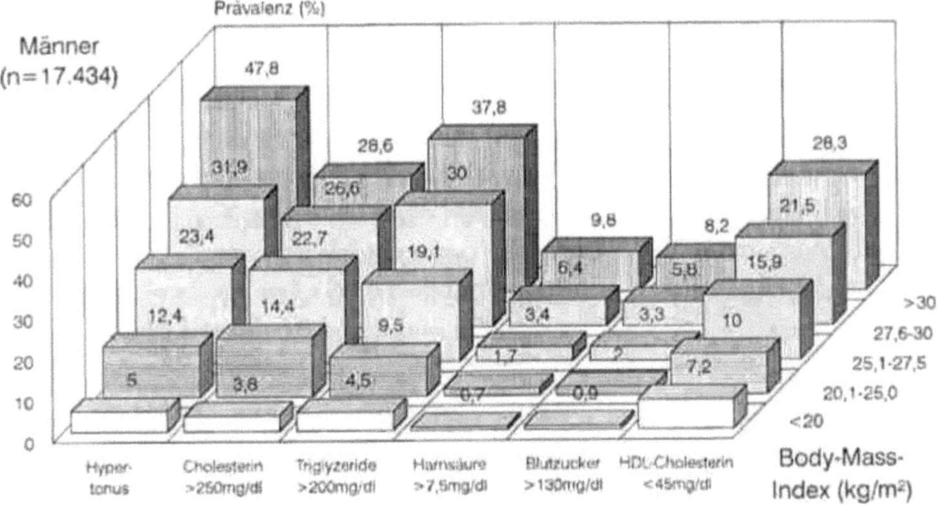

Abb. 1: Zusammenhang BMI und kardiovaskuläre Risikofaktoren

Die Ernährungsberatung umfasst folgende Schritte: Ernährungsanamnese, gemeinsame Festlegung der Ziele einer Ernährungsberatung auf Nährstoffbasis, Übersetzung dieser Ziele in Ratschläge für die Auswahl und Zubereitung von Lebensmitteln sowie Empfehlungen für geänderte Einkaufs- und Essgewohnheiten.[4] Diesen Schritten folgend ist auch diese Arbeit verfasst: Sie behandelt zunächst (Gliederungspunkt 2) aus theoretischer Sicht den Aspekt der Ernährung. Dabei werden zunächst die Ernährungsempfehlungen der DGE dargestellt und kritisch gewürdigt. Im Anschluss werden alternative Ernährungsempfehlungen ausgesprochen, die aus meiner Sicht ein mindestens ebenbürtiges Ernährungskonzept zu dem der DGE darstellen.

[4] Lang/ Steinbach, Lehrskript Ernährungsberatung, S. 12.

Im dritten Gliederungsabschnitt wird das Erstgespräch behandelt. Es markiert den Beginn der Beziehung zwischen Berater und Klienten: Neben einem persönlichen Kennenlernen stehen hier vor allem organisatorische Punkte im Schwerpunkt. Darüber hinaus bekommt der Klient einen Überblick über den weiteren Verlauf der Betreuung durch den Berater. Nach dem Erstgespräch folgt die Anamnese, die der Erfassung des gesundheitlichen Ist-Zustands des Klienten dient.

Das im Anschluss ins Gespräch gebrachte Ernährungsprotokoll gibt wichtige Aufschlüsse über die täglichen Gewohnheiten in Bezug auf die Ernährung des Klienten. In diesem Protokoll zeichnet der Klient über einen Zeitraum von sieben Tagen alles auf, was er isst und trinkt. Dieses Protokoll ist durch den Berater auszuwerten, da die Ergebnisse die Grundlage für die eigentliche Ernährungsberatung liefern: Im Anschluss kann die Zusammenstellung einer für den Klienten und an seine Ziele angepassten Ernährungsumstellung erfolgen.

Dieser Ernährungsplan bildet den Gliederungsabschnitt sechs der Arbeit. Es geht dabei nicht nur um die Zusammenstellung von empfohlenen Lebensmitteln, sondern auch um die Häufigkeit und die Menge der Nahrungsaufnahme. Im Anschluss folgt der Unterpunkt „Weitere Empfehlung: Sport und Bewegung“, der einen Aspekt behandelt, der hier nicht vergessen werden darf: Denn auch wenn die Aufgabenstellung es nicht explizit fordert, so ist doch darauf hinzuweisen, dass eine Ernährungsumstellung allein weder vom gesundheitlichen noch vom ästhetischen Standpunkt aus zum gewünschten Erfolg führen wird. Die nächsten Kapitel widmen sich den Zwischengesprächen, die nach jeweils vier Wochen vereinbart werden. In diesen Zwischengesprächen kann festgestellt werden, ob Peter Meier im Rahmen seiner Zielerreichung ist oder ob nachgebessert werden muss. Außerdem kann der Klient in diesen Gesprächen Fragen zu seiner Ernährungsumstellung stellen oder von Problemen berichten, damit diese gemeinsam mit dem Berater gelöst werden.

In der Zusammenfassung am Schluss der Arbeit werden die wesentlichen Aspekte der Arbeit nochmals zusammengefasst und kritisch gewürdigt.

2. Ernährungsempfehlungen

2.1 Ernährungsempfehlungen der DGE

Die Deutsche Gesellschaft für Ernährung ist ein eingetragener Verein, der seit 1953 Empfehlungen in Bezug auf eine gesunde Ernährung herausgibt. Sie will mit ihrer Arbeit einen Beitrag zur Gesundheit der Bevölkerung leisten.[5]

2.1.1 Darstellung der Ernährungsempfehlungen der DGE

Die DGE hat im Laufe ihrer Tätigkeit ihre Ernährungsempfehlungen immer wieder aktualisiert und nach eigenen Aussagen an neue Erkenntnisse aus den Ernährungswissenschaften angepasst. Das gegenwärtig gültige Konzept der Deutschen Gesellschaft für Ernährung heißt „Ernährungskreis" und beinhaltet die zehn Regeln für vollwertiges Essen und Trinken:[6]

- abwechslungsreiche Auswahl der Lebensmittel
- reichlich Vollkornprodukte und Kartoffeln
- Gemüse und Obst, 5 Portionen täglich
- täglich Milch(-produkte), Fisch ein bis zwei Mal wöchentlich, Fleisch und Eier in Maßen
- wenig Fett und fettreiche Lebensmittel
- Zucker und Salz in Maßen
- reichlich Flüssigkeit (mindestens 1,5 Liter pro Tag)
- schonende Zubereitung der Lebensmittel
- Zeit zum Essen nehmen
- auf das Gewicht achten und in Bewegung bleiben

---

[5] Vgl. Deutsche Gesellschaft für Ernährung, Wir über uns, im Internet.

[6] Vgl. Deutsche Gesellschaft für Ernährung, Vollwertiges Essen und Trinken nach den 10 Regeln der DGE, im Internet

Der Ernährungskreis[7] selbst zeigt in einer grafischen Anordnung, welche Lebensmittel bevorzugt konsumiert und welche Lebensmittel eher weniger oder selten zu sich genommen werden sollen: Je mehr Platz eine Gruppe von Lebensmitteln, zum Beispiel Getreideprodukte und Kartoffeln, in diesem Kreis annimmt, desto größer soll ihr Anteil an der täglichen Ernährung sein. Analog dazu stellt die Deutsche Gesellschaft für Ernährung einen detaillierten Plan bereit, der eine beispielhafte Lebensmittelauswahl für einen Erwachsenen beinhaltet.[8]

Die Verteilung der Makronährstoffe stellt sich darin wie folgt dar:

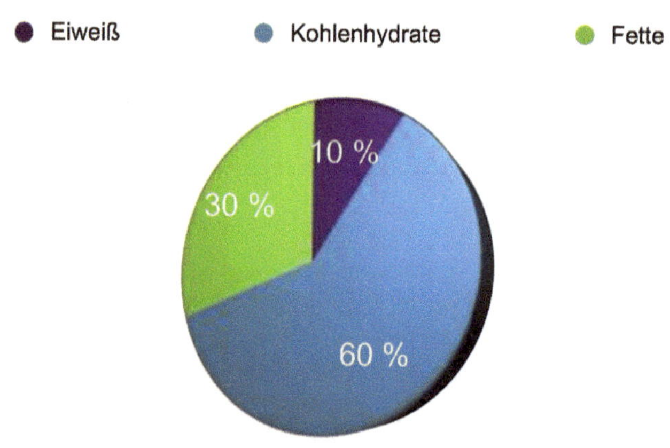

Abb. 2: Verteilung der Makronährstoffe nach Empfehlung der DGE

Die Ernährungsempfehlungen der DGE stellen also eine kohlenhydratreiche, auf Getreide und Kartoffeln basierende Nahrungszufuhr in den Mittelpunkt der täglichen Energieaufnahme. Ebenfalls täglich sollen Milch beziehungsweise Milchprodukte konsumiert werden.

---

[7] Zur Darstellung des Ernährungskreises vgl. Kapitel 2.1.2, „Kritik an den Ernährungsempfehlungen der DGE“

[8] Vgl. Deutsche Gesellschaft für Ernährung, Die Menge macht's - Orientierungswerte für die Lebensmittelauswahl, im Internet.

Getreide und Getreideerzeugnisse sind die mengenmäßig bedeutendste Lebensmittelgruppe in Deutschland.[9] Dabei werden von der DGE Vollkornerzeugnisse empfohlen, von Weißmehlprodukten wird abgeraten.[10] Dieser in Deutschland sehr hohe Anteil der Getreideprodukte an der Ernährung hat neben traditionellen und kulturellen Ursachen auch einen praktischen Grund: Getreide und seine Erzeugnisse sättigen und enthalten dabei relativ viel Eiweiß: Beim Roggen sind es 10g, beim Weizen sogar bis zu 12g Protein auf 100g.[11] Damit stellt Brot nach Fleisch den wichtigsten Eiweißlieferanten in Deutschland dar.[12]

2.1.2 Kritik an den Ernährungsempfehlungen der DGE

Die Ernährungsempfehlungen der DGE genießen allgemein einen hohen Stellenwert sowohl in der Gesellschaft insgesamt als auch bei Bildungsträgern, die Ernährungsberater und Multiplikatoren in anderen Berufen aus dem Bereich Sport, Bewegung und Ernährung ausbilden. Die Leitlinien der DGE werden anerkannt und über die Lehrinhalte der Auszubildenden an den Endverbraucher herangetragen.

An dieser Stelle sollen die Ernährungsempfehlungen der DGE kritisch betrachtet werden und dargestellt werden, welche Aspekte positiv und welche negativ zu bewerten sind. Dabei liegt der Ernährungskreis und die grobe Zusammensetzung der Zufuhrempfehlungen im Mittelpunkt, auf die Verteilung der Makronährstoffe sowie herausstechende Merkmale der jeweiligen Nahrungsmittelgruppe soll kurz eingegangen werden.

Die Betrachtung der Empfehlungen beginnt mit der Gruppe 1 und folgt dann dem Uhrzeigersinn analog zur Darstellung in der Grafik.

---

[9] Vgl. Erbersdobler/ Limbach/ Möhring, Lebensmittelwarenkunde für Einsteiger, 2010, S. 146.

[10] Vgl. Koerber/ Leitzmann, Vollwerternährung: Konzeption einer zeitgemäßen und nachhaltigen Ernährung, Jahr, ohne Seite.

[11] Vgl. Heseker/ Heseker, Nährstoffe in Lebensmitteln, 2013, S. 24.

[12] Vgl. Erbersdobler/ Limbach/ Möhring, Lebensmittelwarenkunde für Einsteiger, 2010, S. 146.

Abb. 3: Ernährungskreis der DGE

Die erste Lebensmittelgruppe stellt mit Getreideprodukten auch gleich den Schwerpunkt der Kritik in der Literatur dar. Das von der DGE vorrangig empfohlenen Lebensmittel Getreide gehört nämlich zusammen mit Milchprodukten zu den in Deutschland am häufigsten allergenen Lebensmitteln.[13] Denn das Getreide, das heute angebaut wird, hat mir der ursprünglichen Form nicht mehr viel gemeinsam: Vor 2.000 Jahren noch war das Grundnahrungsmittel Brot ein geschmackloser Fladen aus einfachem Getreide. Das heutige Getreide jedoch ist genetisch verändert, um Ertrag und Verarbeitungseigenschaften zu verbessern. Damit hat sich auch der Anteil an Allergen verstärkt.[14] Dies führte dazu, dass das Verhältnis von Omega-6- zu Omega-3-Säuren von Getreide bei 10:1 und mehr liegt, wodurch die entzündungsfördernde Wirkung von Omega-6-Säuren sich im menschlichen

---

[13] Vgl. Iatroudakis, Paleo Lifestyle - Steinzeitfitness im 21. Jahrhundert, S. 17.

[14] Vgl. Ledochowski, Wenn Brot und Getreide uns krank machen, S. 15.

Körper entfalten kann.[15] Als weiterer Grund für die Unverträglichkeit von Getreide werden in der Literatur neben Gluten und Weizenkeimlektin auch sogenannte sekundäre Pflanzenstoffe verantwortlich gemacht, die die Pflanze vor Fressfeinden schützen soll. So bilden Pflanzen Lektine als Abwehrstoffe, die nach dem Verzehr Verdauungsprobleme verursachen. Diese Reaktion soll die Pflanze (als Gattung) davor schützen, noch einmal gefressen zu werden.[16]

Neben der Betrachtung des Getreidekonsums im Hinblick auf Antinährstoffe und damit verbundene eventuelle gesundheitliche Belastungen ist ein anderer Aspekt zu beachten: der insbesondere durch die Empfehlung von Getreide- und Kartoffelprodukten sehr hohe Anteil von Kohlenhydraten an der täglichen Ernährung. Folgende Abbildung verdeutlicht, was im Körper insbesondere nach der Zufuhr von Kohlenhydraten geschieht:

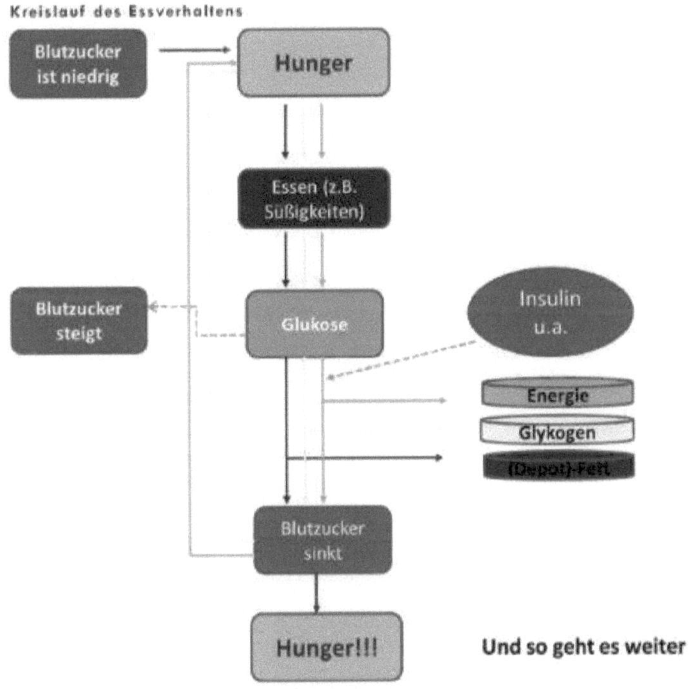

Abb. 4: Kreislauf des Essverhaltens

[15] Vgl. Iatroudakis, Paleo Lifestyle - Steinzeitfitness im 21. Jahrhundert, 2013, S. 67.

[16] Vgl. Ledochowski, Wenn Brot und Getreide uns krank machen, S. 70.

Kohlenhydrate sind Energielieferanten und können begrenzt im menschlichen Körper eingelagert werden.[17] Diese Energielieferanten werden jedoch, wenn sie nicht für die Bewegung genutzt werden, in Form von Körperfett eingelagert. Evolutionsbiologisch ist eine derart hohe Zufuhr an Kohlenhydraten nicht vorgesehen, egal, aus welcher Quelle die Kohlenhydrate kommen und ob es sich um Mono-, Di- oder Polysaccaride handelt. Kohlenhydrate muss man sich verdienen (SK) - und wer seinen Körper nicht durch Sport ausreichend fordert, braucht auch keine hohe Zufuhr an Kohlenhydraten.
Die Empfehlung der DGE, täglich eine große Menge an Getreideprodukten zu verzehren, muss also sehr kritisch betrachtet und hinterfragt werden.

Die zweite Gruppe setzt sich aus Gemüsen und Kräutern zusammen. Gemüse und Kräuter stellen für den Menschen schon immer die wichtigste Quelle von Vitaminen und anderen wichtigen Zusatzstoffen dar. Auch die Tatsache, dass der Mensch nicht fähig ist, Vitamin C zu synthetisieren und es damit immer mit der Nahrung aufnehmen *musste*,[18] weist auf eine Einordnung zumindest als Allesfresser hin und unterstreicht damit die evolutionsbiologisch wichtige Rolle, die Gemüse und Kräuter für den Menschen spielen.

Die dritte Gruppe stellt das Obst dar. Neben der eben schon erwähnten wichtigen Funktion des Obstes vor allem als Lieferant von Vitamin C und anderen lebenswichtigen Vitaminen sind Früchte ein wichtiger Lieferant einfacher Kohlenhydrate, die in Form von Fruchtzucker als Energielieferant zur Verfügung stehen. Bei gleichem Energiegehalt (4,1 kcal/g) wird Fruchtzucker doppelt so schnell in der Leber verstoffwechselt wie Haushaltszucker und ist darüber hinaus sogar insulinunabhängig, weswegen die Fructose sich auch für eine Diät von Diabetespatienten eignet.[19]

An der vierten Stelle im Ernährungskreis stehen die Milchprodukte. Laut der Deutschen Gesellschaft für Ernährung sollen sie täglich konsumiert werden. Milchprodukte haben wie Brot in Deutschland einen hohen Stellenwert: 27 Millionen Tonnen Milch werden pro Jahr zur Weiterverarbeitung an Molkereien geliefert.[20] Dabei muss selbst ein Verfechter der von

---

[17] Nämlich ca. 100g Kohlenhydrate in der Leber und ca. 500g Kohlenhydrate in der Muskulatur, abhängig von verschiedenen Faktoren wie zum Beispiel dem Lebensalter und dem Trainingszustand.

[18] Vgl. Koerber/ Leitzmann, Vollwerternährung: Konzeption einer zeitgemäßen und nachhaltigen Ernährung, 2004, ohne Seite.

[19] Vgl. Bayerisches Staatsministerium für Umwelt und Verbraucherschutz, Fructose (Fruchtzucker), im Internet.

[20] Vgl. Erbersdobler/ Limbach/ Möhring, Lebensmittel-Warenkunde für Einsteiger, 2010, S. 23.

der DGE propagierten Vollwerternährung eingestehen, dass die vergangenen 10.000 Jahre aus dem genetisch nicht an Milch einer anderen Spezies adaptierten Steinzeitmenschen keinen auf Milchverzehr optimierten Homo machen konnten.[21] Darüber hinaus ist der Grund für die Empfehlung von Milchprodukten, nämlich die Calcium-Zufuhr, zu hinterfragen: traditionell lebende Asiaten sind trotz des Verzichts auf Milchprodukte und der damit einher gehenden nominalen 50% niedrigeren Calcium-Zufuhr weitgehend frei von Osteoporose.[22]

Die fünfte Gruppe beinhaltet Eier sowie Fleisch- und Fischprodukte. Laut DGE sollen die Lebensmittel dieser Gruppe nur in Maßen konsumiert werden.[23] Dabei ist nicht ersichtlich, warum die beste Quelle für BCAAs,[24] also für die zum Muskelaufbau wichtige Kombination von essentiellen Aminosäuren, nur eingeschränkt konsumiert werden sollte. Proteine sind darüber hinaus die einzige vom Menschen verwertbare Stickstoffquelle, und damit unverzichtbar für alle Aufbau- und Reparaturprozesse im Körper.[25] Eier weisen ein vollständiges Aminosäurenprofil auf, beinhalten also ebenfalls die essentiellen Aminosäuren Valin, Leucin, Isoleucin, Lysin, Phylolalanin, Tryptophan, Methionin und Threonin, die der Körper nicht selbst herstellen kann und daher von außen zuführen muss.[26] Problematisch ist dabei vor allem, dass die biologische Wertigkeit eines Lebensmittels null beträgt, wenn auch nur eine essentielle Aminosäure fehlt, sodass die fehlenden Aminosäuren dann durch Kombination verschiedener Proteinlieferanten über den Tag verteilt zu sich genommen werden müssen.[27] Wer auf Fleisch- und Fischprodukte sowie Eier verzichtet beziehungsweise deren Konsum drastisch einschränkt, muss durch eine Kombination anderer Lebensmittel die fehlenden Aminosäuren kompensieren.

In der sechsten Gruppe finden sich die Öle und Fette. Die DGE empfiehlt, gesunde Öle und Fette zu sich zu nehmen, um das richtige Verhältnis der Fettsäuren sicher zu stellen. An dieser Empfehlung ist auch aus der Sicht des Verfassers nichts auszusetzen.

---

[21] Vgl. Koerber/ Leitzmann, Vollwerternährung: Konzeption einer zeitgemäßen und nachhaltigen Ernährung, 2004, ohne Seite.

[22] Vgl. Modrzejewski, Wir essen und trinken uns krank, 2013, ohne Seite (Punkt 2.1.1).

[23] Vgl. Gliederungspunkt 2.1.1, „Zehn Regeln für vollwertiges Essen und Trinken“

[24] Vgl. Corden/ Friel, The Paleo Diet for Athletes, 2012, S. 7.

[25] Vgl. Kreuter, Adipositaschirurgie, 2013, S. 37.

[26] Vgl. Herfurth/ Lenze, Ganzheitliche Ernährungsberatung: Ein Nachschlagewerk, 2014, S. 93.

[27] Vgl. ebd., S. 96.

Die siebte Gruppe stellen die Getränke dar, wobei bevorzugt Wasser und ungesüßte Tees zu konsumieren sind. Die Bedeutung von Wasser für den menschlichen Organismus lässt sich gar nicht genug hervorheben: Wasser dient unter anderem als Transportmittel für Nährstoffe, zum Ausscheiden von Gift- und Abfallprodukten sowie als Wärmepuffer und Kühlmittel.[28]

Zusammenfassend lässt sich also unterstreichen, dass die Empfehlungen der Deutschen Gesellschaft für Ernährung zumindest zum Teil sehr kritisch zu betrachten sind. Insbesondere der massenhafte empfohlene Verzehr von Milch- sowie Getreideprodukten ist in Anbetracht der zitierten Literatur zu hinterfragen. Völlig unklar erscheint, warum die DGE keine Stellungnahme bezieht, zumal zumindest die Studien über die negativen Auswirkungen von (Vollkorn-)Getreideprodukten immer zahlreicher werden.

2.2 Alternative Ernährungsempfehlungen

In einschlägigen Medien ist bereits seit Jahren, teils seit Jahrzehnten eine Ernährungs- und Lebensweise dargestellt, die sich am Leben unserer steinzeitlichen Vorfahren orientiert. In dieser Arbeit möchte ich mich in Bezug auf diese Richtung auf den Aspekt der Ernährung beschränken - der geneigte Leser beziehungsweise die geneigte Leserin findet zum Thema „paleo", „Steinzeitlebensstil" und ähnlichen Stichworten ausreichend Informationsmaterial im Literaturverzeichnis sowie über die Suchmaschine seines beziehungsweise ihres Vertrauens.

Der Rückgriff auf evolutionsbiologische Einsichten soll dazu beitragen, dem Ziel der angewandten Ernährungswissenschaft (Definition einer im Hinblick auf die Parameter langfristige Gesundheit, physische und psychische Leistungsfähigkeit, Wohlbefinden und Maximierung der Lebensdauer optimalen Ernährung) näher zu kommen. Dazu kann die These aufgestellt werden, dass die optimale Ernährung des Menschen qualitativ ausschließlich aus den Lebensmitteln bestehen sollte, die unsere Vorfahren konsumiert haben.[29] Der Hauptgrund für die Forderung nach einer steinzeitlichen Ernährungsweise liegt also in der erwarteten besseren Gesundheit für die Menschen. Die Menschen der Altsteinzeit können

---

[28] Vgl. Herfurth/ Lenze, Ganzheitliche Ernährungsberatung: Ein Nachschlagewerk, 2014, S. 47.

[29] Vgl. Hahn/ Ströhle, Evolutionäre Ernährungswissenschaft und steinzeitliche Ernährungsempfehlungen: Stein der alimentären Weisheit oder Stein des Anstoßes, 2008, S. 89.

nicht mehr untersucht werden, für die Vertreter der Paleo-Bewegung jedoch lassen sich Vergleiche ziehen, wenn man ursprünglich lebende Jäger- und Sammlergesellschaften untersucht. Bereits in historischen Quellen lässt sich überprüfen, wie ursprünglich lebende Völker vor der Kolonialisierung lebten. Verschiedene Entdecker (Cabeza de Vaca in Florida, Jacob Baegert in Kalifornien, Captain Cook in Neuseeland) berichteten unabhängig voneinander von der durchgehend sehr guten Gesundheit der Ureinwohner in den von ihnen entdeckten Gebieten.[30]

Betrachtet man heute lebende Naturvölker, so zeigt sich auch bei jenen das gleiche Bild: Erst wenn zum Beispiel amerikanische Ureinwohner oder Inuit eine westliche Ernährungsweise annehmen, erkranken sie signifikant an Krebs, wohingegen sie davor weitgehend krebsfrei lebten.[31] Darüber hinaus zeigt sich, dass alle Völker, die großteils von Zivilisationskrankheiten verschont sind, den Verzicht auf Milch- und Getreideprodukte teilen und im Vergleich zu westlichen Industriegesellschaften viele Vitamin B17 reiche Lebensmittel konsumieren.[32] Diese Anhaltspunkte sind der Grund, an dieser Stelle eine alternative Ernährungsempfehlung zu den Vorgaben der Deutschen Gesellschaft für Ernährung zu geben. Dabei wird in den Grundzügen an den Prinzipien der Steinzeiternährung festgehalten. Deren wichtigster Eckpfeiler ist es, mit der Biologie zu arbeiten, nicht gegen sie - und die orientiert sich nun einmal an der Annahme, dass die Nahrung, die für den Steinzeitmenschen die ideale war, auch für den (genetisch gleichen) Menschen der Neuzeit die ideale ist.[33]

Die Steinzeiternährung oder auch Paleo Ernährung beziehungsweise Paleo Diät empfiehlt, sich auf folgende Lebensmittel zu beschränken:[34]

•Gemüse

•Obst

•Eier

•Fleisch und Fisch

•Kräuter

•Nüsse und Samen

•Wasser

---

30 Vgl. Corden/ Friel, The Paleo Diet for Athletes, 2012, ohne Seite.

31 Vgl. Modrzejewski, Wir essen und trinken uns krank, 2013, ohne Seite, Punkt 2.1.

32 Vgl. ebd., ohne Seite, Punkt 2.1.1.

33 Vgl. Iatroudakis, Paleo Lofestyle - Steinzeitfitness im 21. Jahrhundert, 2013, S. 15.

34 Vgl. Hessisches Ministerium für Umwelt, Klimaschutz, Landwirtschaft und Verbraucherschutz, Paleo-Diät - Was ist das?, im Internet.

Ein Argument für die Paleo-Ernährung ist der anthropologisch-historische Verweis auf die Entwicklung des Menschen: der Mensch hat sich über Jahrmillionen entwickelt. In der kurzen Zeitspanne nach der neolithischen Revolution könne sich der menschliche Körper nicht angepasst haben, da die Voraussetzung für genetische Anpassungen mehrere Millionen Jahre seien. In den letzten 10.000 Jahren konnte daher beispielsweise keine vollständige Anpassung an Getreide stattfinden, das führt zu nahrungsmittelbedingten Unverträglichkeiten wie Laktoseintoleranz oder Zöliakie.[35]
Ergänzend zur oben aufgeführten Liste lassen sich weißer Reis und geschälte Kartoffeln in die Ernährung aufnehmen. Beide stellen eine gute Kohlenhydratquelle dar, gerade wenn an Trainingstagen eine erhöhte Zufuhr an Kohlenhydraten angeraten ist.[36]

Es ist kritisch anzumerken, dass die Paleo-Ernährung nicht als eine Fleischdiät verstanden werden sollte. Der menschliche Körper weist auf Grund verschiedener physiologischer Besonderheiten auf eine stark pflanzenorientierte Ernährung hin,[37] auch wenn Fleisch und Fleischerzeugnisse eine feste Rolle im Rahmen einer ausgewogenen Ernährung spielen.[38] Wer also einen massenhaften Fleischkonsum als naturgewollt darstellt, interpretiert die Steinzeiternährung falsch.

---

[35] Koerber/ Leitzmann, Vollwerternährung: Konzeption einer zeitgemäßen und nachhaltigen Ernährung, 2004, ohne Seite.

[36] Vgl. hierzu den Gliederungsabschnitt 6.2.

[37] Vgl. Koerber/ Leitzmann, Vollwerternährung, 2004, ohne Seite.

[38] Vgl. Erbersdobler/ Limbach/ Möhring, Lebensmittel-Warenkunde für Einsteiger, 2010, S. 94.

3. Das Erstgespräch

Das Erstgespräch markiert den ersten persönlichen Kontakt zwischen Berater und Klienten. Im Erstgespräch kann der Klient seinen Berater kennenlernen, erfährt bereits grundlegende Informationen zur Ernährungsberatung und bekommt einen Überblick über den Verlauf der zukünftigen Beratung. Gleichzeitig kann der Berater bereits erste Informationen zu einzelnen Themen der Ernährung streuen. Daher ist das Erstgespräch sehr wichtig für den weiteren Verlauf der Beratung.[39]

Im Erstgespräch spricht Peter Meier offen über seine jetzige Situation: Er hat auf Grund von Faulheit bereits vor einigen Jahren aufgehört, Sport zu treiben. Im Laufe der Jahre hat er dann beständig zugenommen, auch weil er seine Ernährung immer mehr vernachlässigt hat. Er hat zwar immer darauf geachtet, wenigstens ein Mal am Tag Obst zu essen, darüber hinaus kennt er natürlich auch die diversen Empfehlungen zu einer gesunden Ernährung wie den Verzehr von Vollkorn- oder Milchprodukten. Beide integriert er oft und zahlreich in seine tägliche Ernährung. Jedoch hat er andererseits in der Vergangenheit oftmals Fast Food den Vorzug gegenüber frischem und selbstzubereitetem Essen gegeben.

Als Ziel der Beratung nennt Herr Meier die Gewichtsreduktion. Dieses Ziel ist sehr allgemein formuliert und berücksichtigt einen wichtigen Aspekt nicht: nämlich dass Muskelmasse schwerer ist als Fettgewebe und dadurch eine einfache Analyse des Gewichts die Körperzusammensetzung (Anteil an Muskeln und Fettmasse) nicht darstellt.[40] Daher wird das Ziel präzise und valide formuliert. Dies findet erst nach der Auswertung des Ernährungsprotokolls statt, wenn auch die Ernährungsempfehlungen für die nächsten 12 Wochen gegeben werden.[41]

Peter Meier wird über den weiteren Verlauf der Beratung informiert: Zunächst soll er ein Ernährungsprotokoll führen. Nach dessen Auswertung bekommt er eine Strategie an die Hand, mit der er seinem Ziel, nämlich einem gesünderen und schlankeren Körper, näher kommt.

---

[39] Vgl. Lang/ Steinbach, Lehrskript Ernährungsberatung, S. 13.

[40] Vgl. Rauscher/ Repp, Lehrskript Sporternährung, S. 71.

[41] Vgl. hierzu Gliederungsabschnitt 6.2.

4. Die Anamnese

Die Anamnese stellt die Aufnahme des Ist-Zustands des Klienten dar. Der Berater bekommt hierbei einen genauen Überblick über die gesundheitliche Verfassung und den Tagesablauf seines Klienten.[42] Dieses Kapitel befasst sich mit dem Aufbau des Anamnesebogens sowie dessen Auswertung am Beispiel des fiktiven Klienten. Der Aufbau wird dabei nur kurz angerissen, da die einzelnen Elemente im Detail bei der Auswertung genannt werden.

ACADEMY OF SPORTS
Bildung schafft Zukunft.

Anamnesebogen Ernährungsberatung

Persönliche Daten

Name	Vorname	Geburtsdatum	Alter

Biometrische Daten

Größe		Brustumfang		WHR	
Gewicht		Bauchumfang		Blutdruck	
BMI		Hüftumfang		Ruhepuls	
Körperfettgehalt		Oberschenkelumfang			

Erkrankungen (bitte ankreuzen; Erläuterungen auf separatem Blatt)

Fettstoffwechsel		Bluthochdruck		Essstörung	
Diabetes Mellitus I/II		Magen-Darm		Rheuma	
Gicht		Allergie/ Intoleranz		Gelenkschmerzen	
Schilddrüse		Karzinom		Sonstige	

Erkrankungen in der Familie (bitte ankreuzen; Erläuterungen auf separatem Blatt)

Diabetes Mellitus II		Bluthochdruck		Hyperlipidämie	
Gicht					

Allgemeinzustand (Zutreffendes bitte unterstreichen und ggf. ergänzen)

Welche Tätigkeit üben Sie aus?	Sitzend/ körperlich/ körperlich anstrengend
Treiben Sie Sport?	Nein/ Ja, ____ Mal pro Woche
Haben Sie Stress? (Arbeit, Depressionen)	Nein/ Manchmal/ Ja
Haben Sie bereits eine Diät gemacht?	Nein/ Ja, versucht/ Ja, schon oft
Sind Sie Raucher?	Nein/ Ja, ich rauche ____ Zigaretten am Tag
Nehmen Sie Medikamente?	Nein/ Ja, folgende:______________, Mal am Tag
Haben Sie ein gesundes Essverhalten?	Nein/ Manchmal/ Überwiegend/ Ja
Ernähren Sie sich gesund?	Nein/ Manchmal/ Überwiegend/ Ja

Grund für die Ernährungsberatung: ______________________________________

____

Hiermit bestätige ich, meine Angaben nach bestem Wissen und Gewissen gemacht zu haben.

____
Datum, Unterschrift

Abb. 5: Anamnesebogen

[42] Vgl. Lang/ Steinbach, Lehrskript Ernährungsberatung, S. 13.

4.1 Aufbau des Anamnesebogens

Der Anamnesebogen dient dazu, ein umfassendes Bild vom gesundheitlichen Zustand des Klienten zu erhalten. Gleichzeitig kann der Ernährungsberater je nach Ausgestaltung auch weitere Daten des Klienten erfassen. Der hier verwendete Anamnesebogen zielt hingegen auf die ursprüngliche Funktion eines solchen Bogens ab, nämlich eine Übersicht über die relevanten Aspekte des Klienten zu ermöglichen. Dazu wird der Bogen mit dem Klienten gemeinsam ausgefüllt.

Im Kopfteil des Anamnesebogens werden nur die persönlichen Daten des Klienten eingetragen, dies dient vor allem der späteren organisatorischen Zuordnung des Bogens zu dem Klienten und beugt der Verwechselungsgefahr vor.
Im anschließenden Teil „Biometrische Daten“ werden die für die Ernährungsberatung relevanten Ausgangsdaten des Klienten erfasst. Größe, Gewicht sowie die Indikatoren für Übergewicht wie zum Beispiel Bauchumfang oder der Körperfettgehalt. Alle Messwerte können vom Ernährungsberater mit dem Einverständnis des Klienten direkt festgestellt werden.
Die Abschnitte „Erkrankungen“ und „Erkrankungen in der Familie“ fragen nach Vorerkrankungen, auf die der Klient im Vorfeld hinweisen soll. Die Frage nach möglichen Erkrankungen erfüllt zwei wichtige Funktionen: Zum einen sichert sich der Ernährungsberater ab, falls der Klient im Laufe der Beratung auf Grund einer Empfehlung gesundheitlich zu Schaden kommt. Zum anderen kann der Ernährungsberater nur mit einem umfassenden Bild des Klientenprofils eine angepasste und bedarfsgerechte Ernährung für den Klienten ausarbeiten. Insbesondere Allergien und andere Unverträglichkeiten sind daher unbedingt durch den Klienten zu nennen. Gibt der Klient bestehende Krankheiten bei sich oder in der Geschichte der Familie an, so kann der Ernährungsberater entscheiden, ob der Klient sich vor der Beratung ärztlich untersuchen lassen soll, um so weder für sich noch für den Klienten ein Risiko einzugehen.
Der letzte Abschnitt (Fragen zum „Allgemeinzustand“) gibt dem Klienten die Möglichkeit sich selbst einzuschätzen. Besonders bei der Beantwortung der bewusst offen und unkonkret formulierten Fragen wie zum Beispiel der nach dem gesunden Essverhalten offenbart der Klient bereits deutlich seine persönliche Einstellung, der Ernährungsberater gewinnt dadurch einen tieferen Eindruck von seinem zukünftigen Klienten.

4.2 Auswertung des Anamnesebogens

In diesem Abschnitt werden die einzelnen Teile des Anamnesebogens ausgewertet. Dadurch bekommt der Berater einen ersten Eindruck von der Person und der Geschichte des Klienten.

4.2.1 Die biologischen Faktoren

Im Anamnesebogen werden drei Angaben gemacht, die im Folgenden dazu dienen sollen, den gesundheitlichen Zustand von Peter Meier mit einzuschätzen. Zum einen wird der BMI erwähnt. Der BMI (Body Mass Index) wird zur Klassifizierung von Unter-, Normal- und Übergewicht verwendet und setzt Körpergröße und Körpergewicht in Relation zueinander.[43]

Er berechnet sich wie folgt: BMI = Körpergewicht (kg) / {Körpergröße (m)}^{2}

Ein BMI niedriger als 18,5 weist auf Untergewicht hin. Bis 24,9 weist die untersuchte Person Normalgewicht auf, bis 29,9 Übergewicht. Ein BMI größer 30 deutet auf eine Adipositas hin, wobei diese je nach Höhe des BMI's ebenfalls nochmals in verschiedene Grade unterteilt wird.[44]

Zum anderen werden Hüftumfang und Bauchumfang gemessen. Der Wert des Bauchumfangs gibt das Risiko für metabolische und kardiovaskuläre Komplikationen an, bei Männern gilt das Risiko ab einem Wert ab 94cm als erhöht, ab 102cm als stark erhöht.[45]
Der Bauchumfang lässt sich außerdem für die Bestimmung der Waist-Hip-Ratio nutzen, also für die Relation von Bauch- beziehungsweise Taillenumfang und dem Hüftumfang. Die Waist-Hip-Ratio kann auf eine ungesunde Verteilung der Masse hinweisen, wie sie vor allem durch Übergewicht entsteht. An dieser Stelle soll jedoch nicht weiter darauf eingegangen werden.
Peter Meier weist mit seinen 1.74m Körpergröße und 94kg Körpergewicht einen Bodymassindex von 31 auf. Er ist damit aus allgemein akzeptierter Sicht bereits adipös.[46] Zwar ist der BMI für bestimmte Personengruppen nicht aussagekräftig, wie zum Beispiel für

[43] Vgl. Biesalski/ Bischoff/ Puchstein, Ernährungsmedizin, 2010, S. 406.

[44] Vgl. ebd., S. 407.

[45] Vgl. ebd., S. 409.

[46] Vgl. Deutsche Adipositas Gesellschaft, Definition Adipositas, im Internet.

sehr kleine oder sehr große sowie für muskulöse Menschen,[47] er gibt jedoch für einen großen Teil der durchschnittlichen Bevölkerung einen Aufschluss darüber, ob eine Person über-, normal- oder untergewichtig ist. Für diesen Durchschnitt gilt auch, dass übergewichtige Männer in der Regel einen Körperfettanteil von über 15, übergewichtige Frauen einen Körperfettanteil von über 25 Prozent haben.[48]
Die Waist-Hip-Ratio sowie der Bauchumfang zeigen deutlich, an welcher Stelle bei Herrn Meier die besonders gefährlichen Aspekte seines Übergewichts liegen. Das außen sichtbare Bauchfett ist ein Indikator für das viszerale Körperfett, also das Fett, das unter der Bauchdecke liegt und die Organe umgibt. Die Haupttätigkeit des viszeralen Körperfetts ist die Abgabe von Lipiden, also von Fetten, an das Blut. Dadurch kann dem Körper Energie aus Depots zugeführt werden, wenn gerade keine Energie über die Nahrung bereit gestellt werden kann.[49] Allerdings wird es gefährlich, wenn zu viel von dem viszeralen Körperfett vorhanden ist, so wie es bei Übergewichtigen die Regel darstellt. Dieses Fett gilt als Auslöser für schwere Krankheiten wie koronare Herzerkrankungen, die in Deutschland direkt oder indirekt für die meisten Todesfälle verantwortlich sind. Insbesondere für die Entwicklung von Arteriosklerose spielt das intraabdominale (viszerale) Körperfett eine größere Rolle als das subkutane Fett, das sich unter der Haut am ganzen Körper verteilt befindet.[50] Auf Grund seines hohen Risikopotenzials verdient das intraabdominale Körperfett eine besondere Beachtung in der Beratung. Die bewiesene Korrelation von einem steigendem Bauchumfang und weiteren Krankheiten wie zum Beispiel Hypertonie und Diabetes Mellitus ist hier besonders hervorzuheben.[51]

4.2.2 Die Erkrankungen

Zwar stellt Adipositas ebenfalls eine Krankheit dar, jedoch hat der Verfasser sie wegen des direkten mathematischen Bezugs zu den biometrischen Daten bereits in 3.2.1 behandelt. Nun sollen die Krankheiten betrachtet werden, die laut dem Anamnesebogen beim Klienten selbst sowie bei der Familie auftreten oder aufgetreten sind.

---

[47] Der Autor hat einen BMI von 25 und gilt damit bereits als übergewichtig. Die Erscheinung sowie der Körperfettgehalt von 12% zeichnen da ein anderes Bild. Daher ist die reine Betrachtung des BMI als Indikator für Übergewicht kritisch zu betrachten.

[48] Vgl. Wirth, Adipositas, 2013, S. 571.

[49] Vgl. Marbach, Der dicke Bauch und wie man ihn wieder los wird, 2011, S. 48.

[50] Vgl. Wirth, Adipositas, 2013, S. 570.

[51] Vgl. ebd., S. 572.

Peter Meier weist einen Blutdruck von 150 zu 98 auf. Da nach internationaler Übereinkunft ab einem systolischen Wert von 140 mmHg und beziehungsweise oder einem diastolischen Wert von 90 mmHG die Werte als hoch angesehen werden, leidet er damit unter Bluthochdruck[52]. Die Ursachen für Bluthochdruck sind mannigfaltig, neben genetischen Faktoren spielen vor allem jahrelange Fehlernährung und mangelnde Bewegung eine wichtige Rolle; als Auslöser können auch Faktoren wie Diabetes Typ II und übermäßiger Alkoholkonsum wirken.[53] Bluthochdruck schränkt nicht nur die persönliche Lebensqualität des Einzelnen ein, sondern stellt eine Bedrohung für Gesundheit und Leben des Betroffenen dar: Als Folge kann eine Vergrößerung und später ein Ausfall des Herzens eintreten, ebenso wie ein Herzinfarkt. Außerdem kann der erhöhte Druck in der Blutbahn dazu führen, dass Blut aus den Gefäßen ins Hirn sickert und dort einen Schlaganfall auslöst. Darüber hinaus können Blindheit oder schwere kognitive Einschränkungen auftreten. In Verbindung mit anderen Risikofaktoren insbesondere des metabolischen Syndroms sind weitere Krankheitsbilder möglich.[54]

Peter Meier ist von einer weiteren Krankheit zwar nicht direkt betroffen, jedoch gibt es in seiner Familie laut eigener Aussage bereits mehrere Fälle von Diabetes Typ II. Da er auch angeben hat, dass einige seiner Familienmitglieder ebenfalls übergewichtig sind, verhärtet sich hier der Verdacht, dass auch bei der Familie Meier die jahrelange falsche Ernährung sich bei einigen Personen in Form eines Diabetes Typ II ausgewirkt hat: Während nämlich die Grundlage für Diabetes Typ I weitgehend genetisch bedingt ist und dieser genetisch bedingte Diabetes nur 5% aller Diabeteserkrankungen in Deutschland ausmacht (sic!),[55] haben umfassende Untersuchungen gezeigt, dass Angehörige selbst der selben genetischen Gruppe nur abhängig von der Ernährung Zivilisationskrankheiten wie Diabetes in unterschiedlicher Ausprägung entwickeln.[56] Peter Meier wurde also bereits in seinem direkten sozialen Umfeld vor Augen geführt, woher die Diabeteserkrankungen seiner Angehörigen vermutlich stammen. Bei seiner aktuellen Disposition für diese Krankheit (auf Grund der falschen Ernährung und des Bwegungsmangels) ist Peter Meier definitiv gefährdet.

---

[52] Vgl. WHO, Q&As on hypertension, im Internet.

[53] Vgl. Faulhaber, Bluthochdruck - was man wissen muss, 2010, ohne Seite.

[54] Vgl. WHO, Q&As on hypertension, im Internet.

[55] Vgl. Gröber/ Martin/ Ploss, Komplementäre Verfahren in der Diabetologie: Labordiagnostik, Mikronährstoffe, Phytotherapie, 2007, S. 4.

[56] Vgl. Modrzejewski, Wir essen und trinken uns krank, 2013, ohne Seite (Punkt 2.1).

Der Bluthochdruck, mit dem einige seiner Familienmitglieder leben müssen, ist bei deren angenommenem und im Gespräch bestätigtem Lebenswandel auf dieselben Ursachen zurück zu führen; Hier gilt analog, was bereits bei der Schlussfolgerung für Peter Meier weiter oben ausgeführt wurde.

Abgesehen von Übergewicht und Bluthochdruck sind bei Herrn Meier keine Erkrankungen vorhanden, eine Überweisung zum Arzt ist also nicht notwendig. Klienten mit auffälligen Stoffwechselerkrankungen hingegen sind ausdrücklich in die Obhut von Ärzten oder Diätassistenten zu geben.[57]

4.2.3 Der Allgemeinzustand

Peter Meier übt eine sitzende Tätigkeit aus, im Beruf fühlt er sich manchmal gestresst. Er treibt keinen Sport, hat aber bereits mehrere Male versucht, sein Gewicht durch eine Diät zu reduzieren. Die bei ihm für die Bevölkerung der westlichen Industrienationen typische Bewegungsarmut gilt als unabhängiger Faktor für koronare Herzerkrankungen, die Bewegungsarmut allein ist also schon ein Risikofaktor, unabhängig von seinem Übergewicht.[58] Auf Nachfrage gibt er zu, dass seine Diätversuche schnell gescheitert sind, ein Mal wog er nach einer drastischen Reduktionsdiät sogar mehr als vorher. Dennoch gibt er an, ein überwiegend gesundes Essverhalten an den Tag zu legen. Er meint damit, dass er meist regelmäßig seine Mahlzeiten einnimmt und diese auch in „normalen" Portionen. Allerdings ernährt er sich nach eigenen Angaben nur manchmal gesund, was für ihn den Verzehr von frischem Obst und Gemüse in ausreichender Menge bedeutet.

[57] Vgl. Lang/ Steinbach, Lehrskript Ernährungsberatung, S. 16.

[58] Vgl. Hamann/ Nawroth/ Tafel, Ernährung und Lifestyle, 2007, S. 1017.

5. Das Ernährungsprotokoll

Das Ernährungsprotokoll wird im optimalen Fall über 7 Tage geführt.[59] Im Ernährungsprotokoll hält der Klient über die Dauer des Protokolls genau den Zeitpunkt, Art und Umfang seiner Mahlzeiten sowie der zugeführten Getränke fest. Dabei ist darauf zu achten, Lebensmittel genau zu beschreiben und die Mengen so exakt wie möglich anzugeben.

Tag 3			
Uhrzeit	Mahlzeit/ Snack	Das habe ich gegessen/ getrunken	So habe ich mich nach den Essen gefühlt
07:00	Frühstück	Drei helle Weizenbrötchen mit Margarine: Zwei mit Marmelade, ein halbes mit einer Scheibe Gouda, ein halbes mit einer Scheibe Geflügelsalami. Eine Tasse Kaffee à 0,3l.	Normal.
10:00	Snack	1 Mars, normale Größe. Bis zum Mittagessen drei Tassen Kaffee à 0,3l.	Normal.
12:00	Mittagessen	Großer Teller Lasagne, 0,5l Orangensaft.	Normal.
15:30	Snack	Eine Banane. Bis zum Abend zwei Tassen Kaffee.	Normal.
18:30	Abendbrot	Fünf Scheiben Vollkornbrot mit Margarine. Davon 3 mit Leberwurst (fein), 2 mit Emmentaler.	Normal.
Bewegung am Tag: Jeweils morgens und abends ca. 10 min. Gehen zur Straßenbahn.			

Abb. 6: Beispieltag aus dem Ernährungsprotokoll

5.1 Auswertung des Ernährungsprotokolls

Es war das erste Mal für Peter Meier, dass er ein Ernährungsprotokoll geschrieben hat. Er hatte Probleme, die Mengen genau anzugeben, gerade wenn er auswärts gegessen hat, was bei ihm fast jeden Tag zumindest mittags (Firmenkantine beziehungsweise verschiedene Fast Food Restaurants) der Fall ist. Da die Mengenangaben auch bei anderen Lebensmitteln oft fehlten, hat der Verfasser die benötigten Informationen zu Nährwert und

[59] Vgl. Lang/ Steinbach, Lehrskript Ernährungsberatung, S. 16.

Bestandteilen der Nahrungsmittel einem Nachschlagewerk entnommen.[60] Dieses Standardwerk gibt bei allen Nahrungsmitteln sowie bei fertig zubereiteten Speisen (zum Beispiel bei Spaghetti Bolognese oder Pizza) ebenfalls die Portionsgröße an, sodass die zu analysierende Menge relativ genau mit Hilfe der Aussage des Klienten („zwei normale Teller") festgestellt werden kann.

Folgende Tabelle zeigt auf der Basis des Ernährungsprotokolls von Peter Meier seine tägliche Energieaufnahme in Kilokalorien (kcal) sowie die Verteilung der Makronährstoffe.[61] Die Informationen sind für den gesamten Tag summiert angegeben: die Gesamtmenge am Tag gibt die an dieser Stelle wichtigen Aufschlüsse, die Zeitpunkte der Nahrungsaufnahme werden weiter unten behandelt.

Tag	kcal	Eiweiß (g)	Fette (g)	Kohlenhydrate (g)	Davon Zucker (g)
1	3.331	87	181	403	205
2	2.481	103	172	252	47
3	3.293	116	168	366	134
4	3.425	110	129	432	237
5	4.182	108	249	422	151
6	4.100	109	186	516	219
7	4.748	149	246	472	237
⌀	3.651	112	190	409	176

Abb. 7: Energiemenge und Makronährstoffe nach dem Ernährungsprotokoll

Bei der Auswertung des Ernährungsprotokolls stechen mehrere Faktoren sofort ins Auge, die im Folgenden näher betrachtet werden:

---

[60] Das Nachschlagewerk von Heseker/ Heseker (Nährstoffe in Lebensmitteln, siehe Literaturverzeichnis) hat bei der Erstellung dieser Arbeit sehr gute Dienste geleistet, weil es sehr viele Lebensmittel detailliert auflistet und auch Fertiggerichte sowie bereits zubereitete Speisen beinhaltet.

[61] Zur detaillierten Aufstellung siehe die Tabelle im Anhang. Quelle für die Berechnung der täglichen Zufuhrmengen sind die Nährwerttabellen von McDonalds und Burger King sowie die umfassenden Tabellen von Heseker/ Heseker, Nährstoffe in Lebensmitteln (alle drei Quellen siehe Literaturverzeichnis).

- hohe Kalorienaufnahme
- sehr hoher (Einfach- und Zweifach-)Zuckerkonsum
- hoher Konsum an Getreideprodukten
- hoher Konsum an verarbeiteten Lebensmitteln
- hoher Getränkekonsum (positiv hervorzuheben)

Peter Meier nimmt im Schnitt über dreieinhalb Tausend kcal täglich zu sich, und das, ohne Sport zu treiben oder sich im Alltag viel zu bewegen. Diese aufgenommene Energiemenge entspricht bei seiner Größe und seinem angenommenen „Idealgewicht" der empfohlenen Energiemenge für einen Mann mit schwerer körperlicher Tätigkeit beziehungsweise mit täglicher intensiver sportlicher Betätigung.[62]
Darüber hinaus sticht der hohe Anteil an Kohlenhydraten, insbesondere an Einfachzucker, bei seiner Ernährung heraus. Peter Meier konsumiert auf Grund der stark zuckerhaltigen Getränke sowie der verarbeiteten Lebensmittel, die er täglich zu sich nimmt, eine große Menge einfachen Zuckers, an vier von sieben Tagen über 200 Gramm. Neben den Auswirkungen auf die Zahngesundheit sind vor allem zwei Faktoren zu nennen, warum der übermäßige Konsum von Industriezucker sich negativ auf die Gesundheit auswirkt: Zum einen verbrauchen schnelle Kohlenhydrate wie Zucker für ihre Verstoffwechslung viele B-Vitamine und Mineralien, ohne selbst ausreichend Mikronährstoffe zu enthalten, sodass diese dann an anderer Stelle fehlen.[63] Zum anderen lässt der massenhafte Konsum den Blutzuckerspiegel rasant ansteigen und danach auch wieder schnell abfallen. Ein derart schneller und sich durch den häufigen Konsum von Industriezuckerprodukten wiederholender Anstieg und Abfall des Blutzuckerspiegels stresst den Körper, führt zu einem ungesunden Abgabe von Insulin in das Blut und dauerhaft zu verschiedenen Ausprägungen von Fehlfunktionen in Verbindung mit der Insulinproduktion. Schließlich kann es zu Diabetes führen.

Die möglichen Auswirkungen des Getreidekonsums sind bereits weiter oben ausführlich erläutert worden, darauf soll an dieser Stelle nicht noch einmal eingegangen werden.[64]

---

[62] Bei Beachtung der Größe und des Gewichts von Peter Meier und einer „Umkehrrechnung" errechnet sich bei der angegebenen Kalorienmenge ein PAL-Wert, der auf einen körperlich schwer arbeitenden Man oder einen sportlich sehr aktiven Mann hinweist.

[63] Vgl. Modrzejewski, Wir essen und trinken uns krank, 2013, ohne Seite (Punkt 2.1.1.1, Unterpunkt I.5).

[64] Vgl. Gliederungspunkt 2.1.2, (Kritik an den Ernährungsempfehlungen der DGE).

Selbiges gilt für die stark verarbeiteten Lebensmittel: Zum einen enthalten sie große Mengen an Industriezucker, zum anderen weisen sie oftmals einen hohen Anteil an verstecktem Getreide auf.

Ebenfalls auffällig ist der Anteil an schlechten Fetten, die Peter Meier zu sich nimmt. Das für den Menschen optimale Verhältnis von Omega-6 zu Omega-3 Säuren beträgt 2:1 bis maximal 5:1. Erstere besitzen eine gefäßverengende Wirkung und fördern mitunter Entzündungen, während es sich bei Letzteren andersrum verhält. Bei dem eben genannten Verhältnis heben sich die negativen Wirkungen auf.[65] Durch die falsche und oft einseitige Ernährung in den westlichen Industrienationen hingegen liegt das Verhältnis von Omega-6 zu Omega-3 Säuren nicht selten bei 10:1 oder sogar darüber. Dadurch werden die positiven Eigenschaften von Omega-3 Säuren unterdrückt, Krankheiten wie Arthritis und Multiple Sklerose sowie schlechte HDL-Werte sind die Folge.[66]

Die hohe Zufuhr an Flüssigkeit ist bei Peter Meier wiederum positiv hervorzuheben. Allerdings nimmt er einen großen Teil der Flüssigkeit über zuckerhaltige Getränke zu sich, anstatt die Flüssigkeit über Wasser oder ungesüßten Tee aufzunehmen.

5.2 Schlussfolgerungen aus dem Ernährungsprotokoll

Peter Meier weist Ernährungsgewohnheiten auf, wie sie sich immer mehr Deutsche zu eigen machen: Verarbeitete Lebensmittel bestimmen den Großteil der zugeführten Nahrung, Gemüse und Obst werden, wenn überhaupt, nur in geringer Menge verzehrt. Die nachfolgende Zusammenfassung weist auf die aus des Verfassers Sicht relevanten Aspekte bei der Auswertung des Ernährungsprotokolls hin, die unbedingt beachtet werden müssen und denen in der Beratung Priorität eingeräumt werden sollte:[67]

[65] Vgl. Iatroudakis, Paleo Lifestyle, 2013, S. 64.

[66] Vgl. ebd., S. 65.

[67] An dieser Stelle werden die aus des Verfassers Sicht sofort notwendigen Schritte grob dargestellt. Zur detaillierten Umsetzung siehe Abschnitt 7.1 (Ernährungsplan für Peter Meier).

- Die Gesamtkalorienmenge pro Tag scheint für seine Körpergröße sehr hoch und ist zu reduzieren
- Der enorm hohe Getreidekonsum ist sofort stark zu reduzieren und langfristig zu streichen
- Frisches Obst und Gemüse ist in den täglichen Speiseplan einzubauen
- Das mittägliche FastFood in der Kantine ist sofort zu reduzieren, langfristig zu streichen
- Insgesamt ist der Zuckerkonsum stark zu reduzieren. Der Verzicht auf verarbeitete Lebensmittel ist mittelfristig notwendig, ab sofort müssen die zuckerhaltigen Getränke gemieden werden
- Die zuckerhaltigen Getränke sind durch Wasser zu ersetzen

Eine sofortige Umsetzung all dieser Punkte ist schwierig und kann für den Klienten eine nicht zu realisierende Herausforderung sein. Es ist daher im Gespräch mit dem Klienten zu erläutern, welche zwei oder höchstens drei Änderungen er sofort beziehungsweise im Laufe der ersten Wochen und Monate umsetzen kann.[68]

---

[68] siehe dazu Abschnitt 7.1, „Ernährungsplan für Peter Meier"

6. Ernährungsplan für Peter Meier

Nachdem dem Klienten die Auswertung seines Ernährungsprotokolls erläutert und er für die Wichtigkeit von Bewegung und Sport sensibilisiert worden ist, bekommt er nun seinen Ernährungsplan. Dieser Ernährungsplan umfasst 12 Wochen, in denen Peter Meier die drei wichtigsten Empfehlungen umsetzen soll.

6.1 Zufuhrempfehlungen für Peter Meier

An dieser Stelle werden zunächst nochmals zusammenfassend die Schlussfolgerungen aus dem Ernährungsprotokoll genannt, die als erstes umgesetzt werden sollen:[69]

- Reduzierung der Kalorienzufuhr
- Reduzierung zuckerhaltiger Getränke
- Reduzierung des Getreidekonsums

Um die Umstellung dieser über Jahre angenommenen Gewohnheiten besser meistern zu können, bekommt Peter Meier die Empfehlung, die drei Schritte sukzessive anzugehen. Es werden zwei Zwischengespräche und ein Schlussgespräch vereinbart, sodass er alle vier Wochen die Gelegenheit hat, seine Fortschritte, aber auch Probleme mit dem Berater zu besprechen. Daher lautet die Empfehlung, den ersten Schritt (Reduzierung der Kalorienzufuhr) sofort, die anderen beiden jeweils nach vier Wochen ergänzend dazu anzugehen. Dadurch fällt es Peter Meier leichter, die Umstellung als Gewohnheit zu etablieren, bevor er sich dem nächsten Schritt widmet.

Um den ersten Schritt der Kalorienreduktion anzugehen und zugleich die für Peter Meier optimale Kalorienzufuhr zu ermitteln, ist es notwendig, seinen Kalorienbedarf zu ermitteln. Dieser Tageskalorienbedarf wird als Gesamtumsatz bezeichnet und setzt sich aus Grundumsatz, Leistungsumsatz und Thermogenese zusammen. Der Grundumsatz (nicht Ruheumsatz) beschreibt dabei den täglichen Kalorienbedarf des Menschen im Liegen, wobei alle Körperfunktionen aktiv sind.[70]

---

[69] Zur ausführlichen Auswertung vgl. Abschnitt 5.2

[70] Vgl. Graf, Lehrbuch Sportmedizin, 2013, S. 138.

Es gibt verschiedene Formeln unterschiedlicher Komplexität, um den Grundumsatz eines Menschen zu bestimmen. Eine einfache Formel, die als Anhalt dienen kann, ist folgende: Grundumsatz = 24 kcal pro Körpergewicht in kg pro Tag[71]
Allerdings ist diese Formel sehr grob und berücksichtigt weder das Alter noch die Körpergröße oder das Geschlecht des Probanden. Daher bietet sich für die Bestimmung des Grundumsatzes eine andere Formel an, die bereits 1918 entwickelt wurde und heute als Harris-Benedict-Formel in der Ernährungsmedizin allgemein akzeptiert ist:[72]

für Männer:
Grundumsatz (kcal/24h) = 66,47 + (13,7 * Körpergewicht in kg) + (5 * Körpergröße in cm) - (6,8 * Alter in Jahren)

für Frauen:
Grundumsatz (kcal/24h) = 655,1 + (9,6 * Körpergewicht in kg) + (1,8 * Körpergröße in cm) - (4,7 * Alter in Jahren)

Der Leistungsumsatz ist abhängig von der täglichen Bewegung des Menschen. Er erfolgt auf Grund einer Umsatzsteigerung durch Muskeltätigkeit und wird mit Hilfe des PAL-Werts (physical activity level) angegeben. Der PAL-Wert ist definiert als durchschnittlicher Energiebedarf für eine körperliche Aktivität als Mehrfaches des Grundumsatzes[73] und wird wie folgt unterteilt:[74]

Faktor	Aktivität	Beispiel
1,2	nur sitzend oder liegend	gebrechliche Menschen
1,4 - 1,5	sitzend, kaum körperliche Aktivität	Büroarbeit am Schreibtisch
1,6 - 1,7	sitzend, gehend und stehend	Studenten, Schüler, Taxifahrer
1,8 - 1,9	hauptsächlich stehend und gehend	Verkäufer, Kellner, Handwerker
2,0 - 2,4	körperlich anstrengende Arbeit	Landwirte, Handwerker

Abb. 8: PAL-Werte in Abhängigkeit des persönlichen Aktivitätsprofils

[71] Vgl. Kreuter, Adipositaschirurgie, 2013, S. 33. Bei Übergewichtigen ist demnach das Ziel-Gewicht bzw. das adaptierte Körpergewicht als Wert zu nehmen.

[72] Vgl. sportunterricht.ch, Energieberechnungen, im Internet.

[73] Vgl. Graf, Lehrbuch Sportmedizin, 2013, S. 138.

[74] Vgl. sportunterricht.ch, Energieberechnungen, im Internet.

Treibt ein Mensch regelmäßig Sport, so ist der PAL-Wert um 0,3 höher anzusetzen.[75]
Der PAL-Wert kann noch höher ausfallen als oben angegeben, zum Beispiel bei Hochleistungssportlern oder Arbeitern in der Schwerindustrie. Die Mehrheit der Menschen findet sich jedoch in der dargestellten Tabelle wieder.

Über den Grundumsatz und den Leistungsumsatz hinausgibt es noch den Faktor der Thermogenese, die hier der Vollständigkeit halber kurz erwähnt werden soll. Sie beschreibt die Energie, die für die Verstoffwechslung von zugeführter Nahrung notwendig ist. So ist für die Verstoffwechslung von Proteinen mehr Energie nötig als für das Verwerten der anderen Makronährstoffe, weswegen eiweißreiche Diäten gerne mit diesem Effekt beworben werden.[76] Im Alltag ist die Thermogenese jedoch zu vernachlässigen, gerade weil nicht nur Proteine, sondern im Normalfall alle Makronährstoffe zugeführt werden sollen.

Für Peter Meier lässt sich folgender Grundumsatz pro Tag errechnen:

Grundumsatz = 66,47 + (13,7 * 94) + (5 * 174) - (6,8 * 36)
= 1.979,47 (gerundet: 1.980 kcal)

Für den Leistungsumsatz entspricht ein PAL-Wert von 1,4 dem Aktivitätsprofil von Peter Meier. Sein Gesamtumsatz beträgt also 1980 * 1,4 = 2.772 kcal pro Tag. Diese Energiemenge benötigt Peter Meier aktuell im Durchschnitt, um seinen Alltag zu bestreiten. Kommt Peter Meier den Empfehlungen zu Sport und Bewegung nach,[77] so ist der PAL-Wert um 0,3 höher anzusetzen. Damit beträgt sein Gesamtumsatz 1980 * 1,7 = 3.366 kcal pro Tag. Dieser Gesamtumsatz ist nötig, um sein jetziges Gewicht zu halten.
Will er jedoch abnehmen, so muss er dauerhaft ein Kaloriendefizit herstellen. Allerdings ist darauf zu achten, das Kaloriendefizit gesundheitlich verträglich und sinnvoll zu gestalten: Übergewicht, das über Jahre hinaus aufgebaut worden ist, lässt sich in gesundem Maße nicht schnell wieder abbauen. Um ein Kilogramm Fettgewebe abzubauen, müssen ungefähr 7.000 kcal eingespart werden.[78] Da die gesundheitlich bedenkliche Obergrenze des

[75] Vgl. Großhauser, Ernährung im Sport für Vegetarier und Veganer, 2014, S. 45.

[76] Einige Quellen schreiben, dass bis zu 20% der durch Proteine zugeführten Energie, also Kalorien, wieder für deren Verstoffwechslung benötigt wird.

[77] siehe dazu Gliederungsabschnitt 7, „Weitere Empfehlungen: Sport und Bewegung“

[78] Zwar hat ein Gramm Nahrungsfett ca. 9 kcal an Energie, jedoch besteht Fettgewebe nicht nur aus Fett, sondern auch aus Wasser.

täglichen Kaloriendefizits bei 1.000 kcal liegt, könnte jedoch höchstens ein Kilogramm Fett pro Woche abgebaut werden.[79] Der Verfasser hält ein tägliches Kaloriendefizit von ca. 500 kcal für gesunder, da dann der Körper mehr Zeit hat, sich an die Veränderungen anzupassen (Stichwort Haut). Das entspricht einem Gewichtsverlust von zwei Kilogramm Körperfett (nicht Körpermasse!) pro Monat. Zwar dauert die Gewichtsabnahme dadurch länger, ist aber nachhaltiger, da ein Herunterhungern und ein darauf folgendes Zunehmen entfällt. Da Grundumsatz und Leistungsumsatz sich einem veränderten Gewicht anpassen, müssen beide regelmäßig neu bestimmt werden. Dies kann der Klient nach einer Einweisung in die Formel auch selbst durchführen. Es bietet sich an, die Berechnung alle 8 Wochen neu vorzunehmen, da so auf die Veränderungen reagiert werden kann. Eine häufigere Berechnung macht nur dann Sinn, wenn der Klient schneller abnimmt als oben dargestellt.

Einen weiteren wichtigen Aspekt der Zufuhrempfehlungen stellt die Verteilung der Makronährstoffe Eiweiß, Fette und Kohlenhydrate dar. Die nachfolgende Abbildung gibt einen schnellen Überblick über die Verteilung der Makronährstoffe in der Ernährung von Peter Meier vor der Ernährungsberatung. Der Großteil der aufgenommenen Fettsäuren stammt aus ungesunden Fettquellen, wie dem Ernährungsprotokoll zu entnehmen ist. Die Kohlenhydrate wiederum stammen nur zu einem geringen Teil aus Obst oder Gemüse, sondern vor allem aus verarbeiteten und Getreideprodukten.

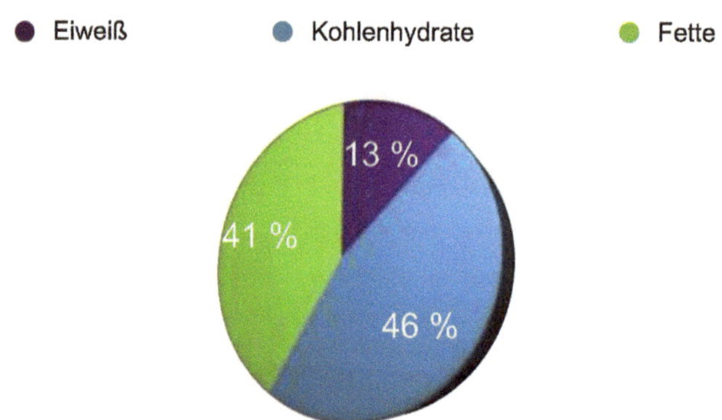

Abb. 9: Verteilung der Makronährstoffe in der bisherigen Ernährung von Peter Meier

[79] Vgl. Lang/ Steinbach, Lehrskript Ernährungsberatung, S. 81.

Kommt Peter Meier den Empfehlungen nach, so wird sich auch die Verteilung der aufgenommenen Makronährstoffe verändern. An die Stelle von leeren Kohlenhydraten wie Süßigkeiten und zuckerhaltigen Getränken kommen komplexe Kohlenhydrate in Form von Gemüse und Kartoffeln, schlechte Fettlieferanten wie Produkte mit Transfettsäuren oder minderwertige Speiseöle werden durch fetten Fisch, Nüsse, Avocados und hochwertige Speiseöle wie Olivenöl ersetzt. Der Anteil an Proteinen wiederum erhöht sich ebenfalls durch die empfohlene Nahrungsumstellung, sodass die Verteilung der Makronährstoffe sich folgendem Profil annähert:

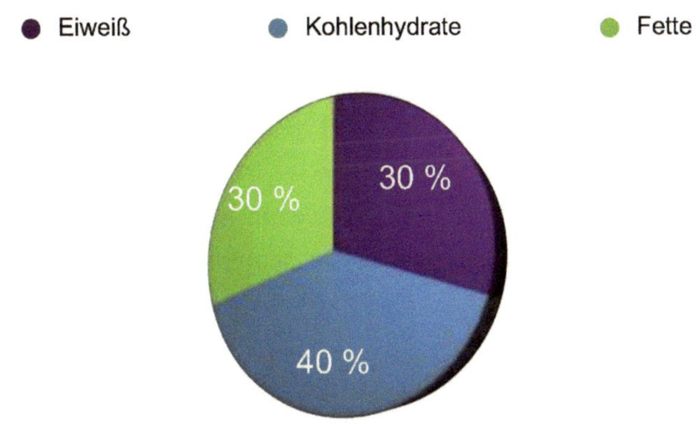

Abb. 10: Verteilung der Makronährstoffe im neuen Ernährungsplan von Peter Meier

6.2 Ernährungsplan für Peter Meier

Starre Ernährungspläne mit vorgegebenen Mahlzeiten mögen die Ernährungsumstellung kurzfristig angenehm machen, da sie sehr bequem sind. Mittel- und erst recht langfristig jedoch hindern sie den Klienten daran, eigenverantwortlich seine Mahlzeiten zu planen. Damit der Klient langfristig erfolgreich ist, muss er also nicht einzelne Mahlzeiten kennen, die der Berater ihm empfohlen hat, sondern er muss die Grundsätze verstehen, die ihm dabei helfen, sein Ziel zu erreichen und zu halten. Deshalb sollen hier, gemessen an seinem Ziel, Empfehlungen ausgesprochen werden.

Im Erstgespräch hat Peter Meier das Ziel geäußert, schlanker zu werden. Diese Zielformulierung ist sehr vage. Hilfreicher ist es, das Ziel zu quantifizieren, damit die Zielerreichung auch objektiv überprüft werden kann.
Diese Quantifizierung lässt sich beispielsweise durch eine Messung des Körpergewichts oder auch des Körperfettgehalts vornehmen. Wie weiter oben bereits beschrieben, ist eine alleinige Gewichtsmessung nicht zielführend, da sie die Körperzusammensetzung insbesondere in Bezug auf Fett- und Muskelanteil nicht berücksichtigt. Mit Hilfe des Beraters formuliert Peter Meier folgende Ziele nach dem SMART-Verfahren:

1. Er möchte innerhalb von drei Monaten 6 kg Fettmasse abbauen
2. Er möchte seinen Körperfettgehalt innerhalb von drei Monaten um 3% reduzieren

Um die Erreichung dieser Ziele während der 3 Monate zu kontrollieren, müssen Teilziele vereinbart werden. Am Schlüssigsten für den Klienten ist die Schaffung von drei Teilzielen, die den Fortschritt linear darstellen: Alle vier Wochen hat er 2 kg Fettmasse abgebaut und 1% Körperfett verloren. Diese Teilziele können bei den Terminen, die jeweils jeden Monat stattfinden, überprüft werden. Bei Abweichung kann dann die weitere Planung angepasst werden, wenn nötig.
Wie weiter oben bereits angesprochen, sind die drei Empfehlungen Kalorienreduktion, Reduktion der Süßgetränke und die Reduktion der Getreideprodukte in dieser Reihenfolge jeweils nach vier Wochen anzugehen.
Es ist wichtig, dass Peter Meier seine Einkaufs- und Essgewohnheiten ändert. Wie weiter oben bereits beschrieben, ist die Vermittlung von Grundkenntnissen wichtiger als die Handreichung eines strikten Ernährungsplans. Für einen gesunden Körper ist die Zufuhr von Vitaminen wichtig, dreizehn gelten in der Wissenschaft als unerlässlich.[80] Darüber hinaus ist die Aufnahme der essentiellen Aminosäuren für die Aufbauprozesse im Körper notwendig. Erstere erhält Peter Meier, indem er ausreichend Obst und Gemüse zu sich nimmt. Die fünf Portionen, die von der DGE empfohlen werden, sind eine gute Basis. Besser ist es jedoch, wenn er den Anteil von frischem Obst, Gemüse und Kräutern an seiner Ernährung erhöht. Dies kann er zum Beispiel tun, indem er in der Firmenkantine den Fitnessteller wählt anstatt des Fast Foods. Außerdem sollte er abends einen großen gemischten Salat wählen und beim Snack zwischendurch auf Obst ausweichen. Durch diese Maßnahmen stellt er auf der einen Seite die Versorgung mit Nährstoffen sicher, auf der

---

[80] Vgl. Herfurth/ Lenze, Ganzheitliche Ernährungsberatung: Ein Nachschlagewerk, 2014, S. 126.

anderen Seite setzt er so bereits die erste Maßnahme, nämlich die Kalorienreduktion, um, da die Abendmahlzeit sowie das Mittagessen stark kalorienreduziert sind. Ein weiterer positiver Nebeneffekt ist, dass er seinen Salzkonsum reduziert. Im Hinblick auf seinen Bluthochdruck sollte er nämlich nicht zuviel Salz aufnehmen. Zwar führt ein erhöhter Salzkonsum nicht zu Bluthochdruck, aber Menschen mit Hypertonie müssen auf ihre Salzaufnahme achten und dürfen nicht zuviel aufnehmen.[81]
Schließlich wird Peter Meier noch darauf hingewiesen, dass er genug Flüssigkeit aufnehmen muss. Gerade im Prozess des Fettabbaus und Muskelaufbaus hat Wasser eine unterstützende Funktion.

6.3 Weitere Empfehlung: Sport und Bewegung

Die Auswertung des Ernährungsprotokolls hat Herrn Meier deutlich aufgezeigt, welche Risiken seine aktuelle Ernährung für ihn birgt. Des Weiteren ist ihm deutlich geworden, welcher Zusammenhang zwischen seinen Ernährungsgewohnheiten und seiner momentanen körperlichen Verfassung besteht. Allerdings fehlt noch ein sehr wichtiger Aspekt zu einem gesünderen Lebenswandel, den auch die Deutsche Gesellschaft für Ernährung als einen grundsätzlichen Faktor für ein gesünderes Leben ansieht: die sportliche Betätigung. Im Folgenden soll kurz darauf eingegangen werden, warum es für Herrn Meier wichtig ist, zusätzlich zur Ernährungsumstellung etwas für seine körperliche Leistungsfähigkeit zu tun. Ausgehend vom sportlichen Niveau des fiktiven Klienten gebe ich daher in diesem Kapitel einige grundsätzliche Trainingsempfehlungen, wie ich sie auch unter realen Bedingungen gebe.[82]

Peter Meier hat mit der Entscheidung, seine Ernährungsgewohnheiten umstellen zu wollen und der Empfehlung zu folgen, bereits einen wichtigen Schritt getan. Des Weiteren kommt es nun auf zwei Aspekte an, um den Erfolg zu sichern: Zum Einen muss der Grundumsatz erhöht werden, sodass Peter Meier schneller und dabei auf gesunde und natürliche Art sein Übergewicht reduzieren kann. Zum Zweiten muss er, um die aktuellen und in der Zu-

---

[81] Vgl. Lang/ Steinbach, Lehrskript Ernährungsberatung, S. 34.

[82] Ausbildung zum Fitnesstrainer B-Lizenz und zum Übungsleiter in verschiedenen Sportarten (z.B. Sport in der Prävention, Schwimmen, Breitensport etc.) vorhanden. Praxis als Personal Trainer vorhanden.

kunft drohenden gesundheitlichen Beschwerden reduzieren zu können, zu einem insgesamt „fitteren“ Körper (SK) gelangen.

Ungefähr 70% des Energieverbrauchs werden beim Menschen durch den Grundumsatz getätigt.[83] Dies bedeutet, dass der Körper auch bei völliger Untätigkeit bereits einen Großteil der Energieverbrauchs tätigt, nur um die Organe sowie, und dies ist der entscheidende Punkt für Peter Meier, die Skelettmuskulatur zu versorgen. Es muss also das Ziel von Peter Meier sein, den Anteil der Skelettmuskulatur zu erhöhen. Diese macht nämlich (bei einem schlanken Mann) 40% des Körpergewichts aus und trägt mit 22% zum Grundumsatz bei.[84] Dieser Anteil am Grundumsatz lässt sich durch gezieltes Muskelaufbautraining noch erhöhen, da mehr Muskelmasse zu einem erhöhten Bedarf an Energie auch im Ruhezustand führen. Krafttraining unterstützt also massiv den Fettabbau.[85]
Fettgewebe hat dagegen die niedrigste metabolische Aktivität und trägt nur mit ca. 4% zum Grundumsatz bei.[86] Peter Meier als übergewichtiger Mann mit hohem Körperfettanteil verfügt also über einen großen Teil an Körpermasse, der an der Verstoffwechslung der zugeführten Kalorien kaum Anteil hat.

Doch Peter Meier muss nicht nur regelmäßig Sport treiben, er muss auch in seinen Alltag mehr Bewegung einbauen. Diese Ansicht vertritt auch die DGE, die für das Sport- und Bewegungspensum einen für die meisten Menschen nur schwer erreichbaren Wert von 30 bis 60 Minuten Sport täglich angibt.[87] Wie weiter oben in diesem Kapitel bereits dargelegt, liegt die DGE mit ihrer Empfehlung zu mehr Bewegung (Bewegung, kein Sport!) im Alltag vollkommen richtig. Es ist jedoch ausreichend, zwei bis drei Mal wöchentlich Sport (im Sinne von einem Training, das im Körper Anpassungsreize schafft) zu treiben, wenn Gewichtsreduktion beziehungsweise Körperformung im gesundheitlichen oder ästhetischen Sinne das Ziel sein soll.

Für Peter Meier ist es sinnvoll, sich einem lokalen Sportverein anzuschließen, sich in einem Fitnessstudio mit qualifizierten Trainern anzumelden oder die Unterstützung eines

---

[83] Vgl. Kreuter, Adipositaschirurgie, 2013, S. 32.

[84] Vgl. Wechsler, Adipositas - Ursachen und Therapie, 1998, S. 106.

[85] Vgl. Lang/ Steinbach, Lehrskript Ernährungsberatung, S. 80.

[86] Vgl. Wechsler, Adipositas - Ursachen und Therapie, 1998, S. 107.

[87] Vgl. Deutsche Gesellschaft für Ernährung, Vollwertiges Essen und Trinken nach den 10 Regeln der DGE, im Internet

Personal Trainers zu suchen. Unter Anleitung sollte Peter Meier zwei Mal in der Woche Krafttraining in Form eines Ganzkörpertrainings mit dem Schwerpunkt der Kraftausdauer durchführen. Zusätzlich sollte er ein moderates Ausdauertraining im Grundlagenausdauerbereich absolvieren, um den Stoffwechsel zu verbessern. Dieses Stoffwechseltraining kommt auch dem Muskelaufbau zu Gute, womit er wiederum seinen Grundumsatz erhöht. Das Ausdauertraining dient nicht dem Verbrennen von Kalorien, auch wenn ein solches Training Abnehmwilligen immer wieder empfohlen wird; Es ist lediglich dazu da, den Körper bei der Verbesserung des Stoffwechsels zu unterstützen. Das Ausdauertraining ist an mindestens einem, besser an zwei Tagen in der Woche durchzuführen.
Mit diesem Training kann Peter Meier in Verbindung mit der Umstellung der Ernährung schnell zu seinem Ziel kommen. Dazu wird ihm noch angeraten, folgende Ernährungsstrategie anzuwenden: An den drei Trainingstagen isst er kohlenhydratreich und fettarm, an den trainingsfreien Tagen ist er kohlenhydratreduziert und fettreich. Durch diese Strategie wird der Fettstoffwechsel aktiviert.[88] Als Kohlenhydrate bieten sich vor allem Kartoffeln an, da sie neben der Stärke auch zahlreiche Nährstoffe enthalten.

6.4 Zwischengespräch I nach 4 Wochen

Peter Meier hat inzwischen die ersten vier Wochen seiner Ernährungsumstellung hinter sich. Er ist sehr motiviert, weil er sein erstes Teilziel erreicht hat: er hat sogar 3 kg abgenommen, der Körperfettgehalt ist wie geplant um 1% reduziert. Es spricht also dafür, dass er auch etwas Wasser verloren hat. Auf Nachfrage bestätigt er, dass er, subjektiv wahrgenommen, etwas wenig trinkt. Er wird für seine bisherigen Fortschritte gelobt und daran erinnert, genug Flüssigkeit zu sich zu nehmen. Außerdem kommt nun die zweite Maßnahme ins Spiel, nämlich der Verzicht auf süße Getränke, um die Zuckerzufuhr einzuschränken und damit die Auswirkungen von ständig steigendem und sinkendem Blutzuckerspiegel einzudämmen.

---

[88] Vgl. Rauscher/ Repp, Lehrskript Sporternährung, S. 38.

6.5 Zwischengespräch II nach 8 Wochen

Peter Meier kommt etwas geknickt zum zweiten Zwischengespräch. Als er sich die letzten Tage wog, waren die Erfolge der Wochen davor wieder zunichte gemacht. Bei der Körperfettmessung stellt sich heraus, dass er im Zeitraum zwischen dem letzten und diesem Termin keine Fortschritte gemacht hat. Der Klient wird um Auskunft gebeten, ob er an der Ernährung etwas geändert hat. Tatsächlich stellt sich heraus, dass er in den letzten Wochen abends die leichten Mahlzeiten durch schwere Mahlzeiten wie große Teller an Nudeln oder auch Pizza oder große Brotteller ersetzt hat. Nachdem ihm nun nochmals der Zusammenhang zwischen diesem Verhalten und der Gewichtszunahme deutlich geworden ist, verkündet er, sich wieder an den Plan zu halten.

Nachdem Peter Meier bereits nach den zwei vorhergehenden Zwischengesprächen jeweils eine weitere Maßnahme im Rahmen des Ernährungsplans umgesetzt hat, kommt nun der dritte Punkt zur Umsetzung: die Reduktion von Getreideprodukten in der täglichen Ernährung und der Ersatz durch mehr Obst, weißen Reis und Kartoffeln.

6.6 Schlussgespräch nach 12 Wochen

Am letzten Termin, 12 Wochen nach der Vorstellung des Ernährungsplans, kommt Peter Meier sichtlich zufrieden zum Beratungsgespräch. Bereits seine Erscheinung hat sich deutlich geändert, Körper und Gesicht sehen schlanker aus. Zudem hat sich das Sportprogramm auch in der Ausstrahlung und der Bewegung des Klienten ausgewirkt.

Peter Meier berichtet, dass er nach der Umsetzung der letzten Empfehlung, der Reduktion des Verzehrs von Getreideprodukten, sowie nach der Einhaltung der anderen beiden Vorgaben wieder schnell weitere Fortschritte erzielt hat. So hat er weiter abnehmen können, es hat sich bei ihm ein besseres Lebensgefühl eingestellt, er schläft besser und er kann konzentrierter arbeiten. Das Sportprogramm in dem Fitnessstudio, in dem er sich angemeldet hat, hält er durch. Ab und zu gönnt er sich kleinere Süßigkeiten, aber insgesamt ernährt er sich nach seinen neuen Prinzipien und möchte daran auch festhalten.

7. Zusammenfassung

Diese Arbeit hatte neben dem theoretischen Überblick über die Ernährungsempfehlungen der DGE einen Ernährungsplan für den fiktiven Klienten Peter Meier zum Inhalt. Die kritische Überprüfung der verbreiteten Ernährungsempfehlungen hatte ein verzerrtes Bild zur Folge: Zwar scheint sich eine Vielzahl der Literatur auf die Richtlinien der DGE zu stützen, jedoch wird dabei immer wieder auf die DGE selbst verwiesen, nicht auf unabhängige Untersuchungen. Anders wiederum bei der kritischen Literatur - hier wird versucht, aus möglichst differenzierten Quellen Nachweise zu erbringen, warum die klassischen Ernährungsempfehlungen eben nicht das Maß aller Dinge darstellen. Vielleicht haben Letztere auch nur die größere Motivation der Beweisführung, da sie gegen eine etablierte Meinung antreten. Jedenfalls gibt es verschiedene Ernährungskonzepte, die bei nähergehender Untersuchung alle Wert auf eine ausgewogene, gesunde Ernährung legen. Der Verfasser hat sich hier klar gegen die Empfehlungen der DGE positioniert und favorisiert eine Ernährungsstrategie, die der Paleo-Ernährung nahe kommt. Hierbei ist allerdings zu beachten, dass gerade die ethischen und ökologischen Auswirkungen eine wichtige Rolle spielen. Wer paleo als eine Fleischdiät begreift (weil die Urmenschen nun mal Jäger waren), hat den wesentlichen Kern dieser Ernährungsform nicht vollständig umrissen. Vielmehr wird der Schwerpunkt auf naturbelassene Frisch- und Rohkost gelegt. Fleisch und Fisch haben zwar ihre Berechtigung in der Ernährung, sind aber nicht als alleinige Lieferanten für Nährstoffe zu sehen. Insbesondere vor dem Hintergrund der Ökologie ist dieser Aspekt nicht oft genug herauszuheben.

Milchprodukte sollten höchstens in Maßen auf dem Speiseplan stehen. Zwar kann darüber gestritten werden, ob das enthaltene Calcium wirklich für den menschlichen Körper zur Verfügung steht, jedoch können Milchprodukte einen wichtigen Beitrag zur Eiweißversorgung leisten.
Ähnliches gilt für die Kohlenhydrate: Wer abnehmen will, sollte deren massenhaften Konsum überdenken. Wer sich ausreichend bewegt, sollte allerdings auf Getreide verzichten und stattdessen auf weißen Reis oder Kartoffeln ausweichen.

Insgesamt hat diese Arbeit aufgezeigt, wie umfassend eine Ernährungsberatung gestaltet sein muss. Einen Hauptteil der Energie muss auf die Analyse des Ernährungsprotokolls verwendet werden, um die Ist-Situation des Klienten überhaupt erst zu erfassen. Die Ausarbeitung einer Ernährungsstrategie für den Klienten ist eine weitere große Aufgabe. Der Verfasser hat sich in dieser Arbeit dafür entschieden, dem fiktiven Klienten eher allgemeine Handlungsanweisungen zu geben anstatt konkrete Vorgaben zu formulieren, damit die Eigenverantwortlichkeit und das Selbstbewusstsein des Klienten für die eigene Befähigung nicht untergraben wird. Zwischengespräche geben dabei immer wieder Gelegenheit, offene Fragen zu beantworten. Auch wenn die Gespräche, sowie in dem hier konstruierten Beispiel, nur kurz dauern, weil der Klient sich über die wesentlichen Bedingungen im Klaren ist und nur kurz eine Rückfrage hat, so sind sie doch wichtig. Nicht zuletzt auch deshalb, um dem Klienten das Gefühl zu geben, dass er auch über einen längeren Zeitraum betreut wird.

In dieser Arbeit ging es darum, einen fiktiven Klienten zu betreuen. Auch wenn die Ernährungsstrategien in dieser Arbeit stark von dem abweichen, was im Allgemeinen gelehrt wird, so halte ich diese Methode dennoch für einen guten Weg, um auch reale Klienten auf ihrem Weg zur Zielerreichung zu begleiten.

Literaturverzeichnis

(sofern keine Auflage vermerkt ist, handelt es sich um die erste Auflage)

Monografien:

Biesalski, Hans-Konrad/ Bischoff, Stephan/ Puchstein, Christoph (Hrsg.): Ernährungsmedizin: Nach dem neuen Curriculum Ernährungsmedizin der Bundesärztekammer. 4. Auflage, Georg Thieme Verlag, Stuttgart, 2010. ISBN 9783131002945.

Erbersdobler, Helmut F./ Limbach, Gerald/ Möhring, Jennifer: Lebensmittel-Warenkunde für Einsteiger. Springer Verlag Heidelberg. 2010. ISBN 978-3-642-04485-4.

Faulhaber, Hans-Dieter: Bluthochdruck - was man wissen muss: Bluthochdruck effektiv und dauerhaft senken und Folgekrankheiten vermeiden. Südwestverlag, München, 2010. ASIN B004P1JB00.

Graf, Christine (Hrsg.): Lehrbuch Sportmedizin: Basiswissen, präventive, therapeutische und besondere Aspekte. 2. Auflage, Deutscher Ärzte-Verlag, Köln, 2013. ISBN 978-3-7691-0607-7.

Gröber, Uwe/ Martin, Michael/ Ploss, Oliver: Komplementäre Verfahren in der Diabetologie: Labordiagnostik, Mikronährstoffe, Phytotherapie. Georg Thime Verlag, Stuttgart, 2007. ISBN 978-3-8304-5457-1.

Großhauser, Mareike: Ernährung im Sport für Vegetarier und Veganer. Meyer und Meyer Verlag, Aachen, 2014. ISBN 978-3-89899-879-6.

Hahn, Andreas/ Ströhle, Alexander: Evolutionäre Ernährungswissenschaft und steinzeitliche Ernährungsempfehlungen: Stein der alimentären Weisheit oder Stein des Anstoßes. In: Kaatsch, Hans-Jürgen/ Rosenau, Hartmut/ Taube, Friedhelm/ Theobald, Werner (Hrsg.): Ethik der Agrar- und Ernährungswissenschaften. LIT Verlag Dr. W. Hopf, Berlin, 2008. ISBN 978-3-8258-1467-0.

Hamann, Andreas/ Nawroth, Peter/ Tafel, Jörg: Ernährung und Lifestyle. In: Parhofer, Klaus/ Schwandt, Peter: Handbuch der Fettstoffwechselstörungen: Dyslipoproteinämien und Atherosklerose: Diagnostik, Therapie und Prävention. 3. Auflage, Schattauer Verlag, Stuttgart, 2007. ISBN 978-3-7945-2370-2.

Herfurth, Frank/ Lenze, Bernhard: Ganzheitliche Ernährungsberatung: Ein Nachschlagewerk. BoD – Books on Demand, 2014. ISBN 978-3-735778-89-5.

Heseker, Beate/ Heseker, Helmut: Nährstoffe in Lebensmitteln. Umschau Zeitschriftenverlag, Sulzbach im Taunus, 2013. ISBN 978-3-930007-32-5.

Iatroudakis, Michael: Paleo Lifestyle - Steinzeitfitness im 21. Jahrhundert. 2. Auflage, BoD - Books on Demand, Norderstedt, 2013. ISBN 978-3-84822-65-42.

Koerber, Karl von/ Leitzmann, Claus: Vollwerternährung: Konzeption einer zeitgemäßen und nachhaltigen Ernährung. 11. Auflage, Haug-Verlag, Stuttgart, 2004. ISBN

Kreuter, Martina: Adipositaschirurgie - Eiweißmalnutrition nach Roux en y Gastric: Bypass Operationen. Disserta Verlag, 2013. ISBN 978-3-95425-132-2

Ledochowski, Maximilian: Wenn Brot und Getreide krank machen. Georg Thieme Verlag, 2011. ISBN 978-3-83046-02-68.

Marbach, Eva: Der dicke Bauch und wie man ihn wieder los wird. BoD, Books on Demand, Norderstedt, 2011. ISBN 978-3-93876-4237.

Modrzejewski, Andreas: Wir essen und trinken uns krank. BoD, Books on Demand, Norderstedt, 2013. ISBN 978-3-73220-0917.

Wechsler, Johannes G. (Hrsg.): Adipositas - Ursachen und Therapie. 2. Auflage, Blackwell Wissenschaftsverlag, Berlin, 1998. ISBN 978-3-89412-33-76.

Wirth, Alfred: Adipositas. In: Parhofer, Klaus/ Schwandt, Peter: Handbuch der Fettstoffwechselstörungen: Dyslipoproteinämien und Atherosklerose: Diagnostik, Therapie und Prävention. 3. Auflage, Schattauer Verlag, Stuttgart, 2013. ISBN978-3-7945-2370-2.

Lehrhefte:

Lang, Dana/ Steinbach, Kristina: Lehrskript Ernährungsberatung, Academy of Sports, Backnang

Rauscher, Philipp/ Repp, Matthias: Lehrskript Sporternährung, Academy of Sports, Backnang.

Internetquellen:

Bayerisches Staatsministerium für Umwelt und Verbraucherschutz: Fructose (Fruchtzucker).
http://www.vis.bayern.de/ernaehrung/lebensmittel/gruppen/fructose_fruchtzucker.htm
Letzter Zugriff am 12.04.2015.

Burger King Beteiligungs GmbH: Entdecke unsere Produkte.
http://www.burgerking.de/produkte
Letzter Zugriff am 14.04.2015.

Deutsche Adipositas Gesellschaft: Definition Adipositas.
http://www.adipositas-gesellschaft.de/index.php?id=39
Letzter Zugriff am 12.04.2015.

Deutsche Gesellschaft für Ernährung: Vollwertiges Essen und Trinken nach den 10 Regeln der DGE.
http://www.dge.de/ernaehrungspraxis/vollwertige-ernaehrung/10-regeln-der-dge/
Letzter Zugriff am 06.04.2015.

Deutsche Gesellschaft für Ernährung: Ernährungskreis.
http://www.dge.de/ernaehrungspraxis/vollwertige-ernaehrung/ernaehrungskreis/
Letzter Zugriff am 06.04.2015.

Deutsche Gesellschaft für Ernährung: Die Menge macht's - Orientierungswerte für die Lebensmittelauswahl.
http://www.dge-ernaehrungskreis.de/wissenswertes/
Letzter Zugriff am 12.04.2015

Deutsche Gesellschaft für Ernährung: Wir über uns.
https://www.dge.de/wir-ueber-uns/die-dge/
Letzter Zugriff am 12.04.2015.

Hessisches Ministerium für Umwelt, Klimaschutz, Landwirtschaft und Verbraucherschutz: Paleo-Diät - Was ist das?
https://verbraucherfenster.hessen.de/irj/VF_Internet?rid=HMULV_15/VF_Internet/nav/0e2/0e233a3c-a9ee-611a-eb6d-f144e9169fcc,9e220e27-69c3-e041-79cd-aa2b417c0cf4,,,11111111-2222-3333-4444-100000005003%26overview=true.htm&uid=0e233a3c-a9ee-611a-eb6d-f144e9169fcc
Letzter Zugriff am 12.04.2015

McDonald's Deutschland Inc.: Alle Produkte auf einen Blick.
http://www.mcdonalds.de/produkte/alle-produkte
Letzter Zugriff am 14.04.2015.

Sportunterricht.ch: Energieberechnungen.
http://www.sportunterricht.ch/Theorie/Energie/energie.php
Letzter Zugriff am 20.05.2015

World Health Organisation: Q&As on hypertension.
http://www.who.int/features/qa/82/en/
Letzter Zugriff am 14.04.2015

Anhang

1. Anamnesebogen fiktiver Kunde Peter Meier
2. Ernährungsprotokoll des fiktiven Kunden Peter Meier
3. Detaillierte Auflistung der zugeführten Makronährstoffe und der aufgenommenen Energie während des Zeitraums des Ernährungsprotokolls des fiktiven Kunden Peter Meier

Anamnesebogen Ernährungsberatung

Persönliche Daten

Name	Vorname	Geburtsdatum	Alter
Meier	*Peter*	*30.09.1978*	*36*

Biometrische Daten

Größe (cm)	*174*	Brustumfang	108cm	WHR	0,95
Gewicht (kg)	*94*	Bauchumfang	104cm	Blutdruck	150/98
BMI	31	Hüftumfang	110cm	Ruhepuls	84
Körperfettgehalt	22 %	Oberschenkelumfang	75cm		

Erkrankungen (bitte ankreuzen; Erläuterungen auf separatem Blatt)

Fettstoffwechsel		Bluthochdruck	X	Essstörung	
Diabetes Mellitus(Typ)		Magen-Darm-Trakt		Rheumatische Erkr.	
Gicht		Allergie/ Intoleranz		Erhöhtes Cholesterin	
Schilddrüse		Karzinom		Sonstige	

Erkrankungen in der Familie (bitte ankreuzen; Erläuterungen auf separatem Blatt)

Diabetes Mellitus II	X	Bluthochdruck	X	Hyperlipidämie	
Gicht					

Allgemeinzustand (Zutreffendes bitte unterstreichen und ggf. ergänzen)

Welche Tätigkeit üben Sie aus?	Sitzend/ körperlich/ körperlich anstrengend
Treiben Sie Sport?	Nein/ Ja, ____ Mal pro Woche
Haben Sie Stress? (Arbeit, Depressionen)	Nein/ Manchmal/ Ja
Haben Sie bereits eine Diät gemacht?	Nein/ Ja, versucht/ Ja, schon oft
Sind Sie Raucher?	Nein/ Ja, ich rauche _20_ Zigaretten am Tag
Nehmen Sie Medikamente?	Nein/ Ja, folgende:_______________, Mal am Tag
Haben Sie ein gesundes Essverhalten?	Nein/ Manchmal/ Überwiegend/ Ja
Ernähren Sie sich gesund?	Nein/ Manchmal/ Überwiegend/ Ja

Grund für die Ernährungsberatung: Wunsch, abzunehmen________________________________

Erste gesundheitliche Einschränkungen__________________

Hiermit bestätige ich, meine Angaben nach bestem Wissen und Gewissen gemacht zu haben.

_01.04.2015, Peter Meier_______________________________________
Datum, Unterschrift

Ernährungsprotokoll

für Peter Meier

1. Allgemeine Richtlinien

- Notieren Sie alle Speisen und Getränke, die Sie konsumieren.
- Protokollieren Sie alles zum Zeitpunkt des Verzehrs!
- Schreiben Sie alle Mahlzeiten, Zwischenmahlzeiten, Süßigkeiten, Getränke usw. auf. Notieren Sie auch alle Soßen, Füllungen und Extras.
- Wenn Sie Mahlzeiten auslassen, dann erwähnen Sie auch das!

2. Beschreibung von Nahrungsmitteln und Getränken

- Beschreiben Sie die Speisezubereitung, z.B. gegrillt, gekocht, gedünstet usw.
- Beschreiben Sie die Art des verzehrten Nahrungsmittels so genau wie möglich.
- Beschreiben Sie den Markennamen des Produkts.
- Beschreiben Sie Kekse, Kuchen usw. so genau wie möglich.
- Benennen Sie Käse (Fettanteil), Fisch (Art), Wurst (Art) und Fleisch (Art) so genau wie möglich.
- Für viele Nahrungsmittel wie z.B. Öl, Zucker, Milch, Marmelade usw. sind entsprechende Angaben in Haushaltsmassen ausreichend. Geben Sie die Zahl der Teelöffel (TL) oder Esslöffel (EL) an.
- Alle übrigen festen Nahrungsmittel wie z.B. Brot, Fleisch, Kartoffeln, Obst, Gemüse usw. geben Sie in Gramm an.
- Ist das Abwiegen nicht möglich, so schätzen Sie die Menge oder suchen Sie Vergleichsgrößen (z.B. handtellergroßes Wiener Schnitzel).

Am Ende des Tages vermerken Sie, welche Art von Bewegung Sie wie lange gemacht haben.

Führen Sie das Ernährungsprotokoll jeden Tag über einen Zeitraum von 7 Tagen.

Tag 1			
Uhrzeit	Mahlzeit/ Snack	Das habe ich gegessen/ getrunken	So habe ich mich nach den Essen gefühlt
07:00	Frühstück	Drei helle Weizenbrötchen mit Margarine: Zwei mit Marmelade, ein halbes mit einer Scheibe Gouda, ein halbes mit einer Scheibe Geflügelsalami. Zwei Tassen Kaffee à 0,3l.	Normal.
10:00	Snack	1 Snickers, normale Größe. Bis zum Mittagessen zwei Tassen Kaffee à 0,3l.	Normal.
12:00	Mittagessen	Bratwurst Pommes. Eine normalgroße Bratwurst, ein großer Teller Pommes mit Ketchup. Nach dem Essen ein großes Vanilleeis. Ein Glas 0,5l Coca Cola.	Normal.
15:30	Snack	Ein Apfel. Bis zum Abend zwei Tassen Kaffee à 0,3l.	Normal.
18:30	Abendbrot	Fünf Scheiben Vollkornbrot mit Margarine. Drei davon mit Gouda, zwei mit Geflügelsalami.	Normal.
Bewegung am Tag: Jeweils morgens und abends ca. 10 min. Gehen zur Straßenbahn. Abends ca. 30 min. Gehen zum Einkaufen (15min hin, 15min. zurück).			

Tag 2			
Uhrzeit	Mahlzeit/ Snack	Das habe ich gegessen/ getrunken	So habe ich mich nach den Essen gefühlt
07:00	Frühstück	Zwei helle Weizenbrötchen mit Margarine: Eines mit Marmelade, ein halbes mit einer Scheibe Gouda, ein halbes mit einer Scheibe Geflügelsalami. Ein gekochtes Ei. Eine Tasse Kaffee à 0,3l.	Normal.
09:45	Snack	1 Banane, normale Größe. Bis zum Mittagessen zwei Tassen Kaffee à 0,3l.	Normal.
12:00	Mittagessen	Wiener Schnitzel (ca. so groß wie ein kleiner Teller), dazu ein kleiner Teller Kartoffelsalat. Ein Glas 0,5l Apfelschorle.	Normal.
18:30	Abendbrot	Fünf Scheiben Vollkornbrot mit Margarine. Vier davon mit Geflügelsalami, 1 mit Gouda. Zwei Schoko-Joghurts, jeweils 125g.	Normal.
Bewegung am Tag: Jeweils morgens und abends ca. 10 min. Gehen zur Straßenbahn.			

Tag 3			
Uhr-zeit	Mahlzeit/ Snack	Das habe ich gegessen/ getrunken	So habe ich mich nach den Essen gefühlt
07:00	Frühstück	Drei helle Weizenbrötchen mit Margarine: Zwei mit Marmelade, ein halbes mit einer Scheibe Gouda, ein halbes mit einer Scheibe Geflügelsalami. Eine Tasse Kaffee à 0,3l.	Normal.
10:00	Snack	1 Mars, normale Größe. Bis zum Mittagessen drei Tassen Kaffee à 0,3l.	Normal.
12:00	Mittagessen	Großer Teller Lasagne, 0,5l Orangensaft.	Normal.
15:30	Snack	Eine Banane. Bis zum Abend zwei Tassen Kaffee.	Normal.
18:30	Abendbrot	Fünf Scheiben Vollkornbrot mit Margarine. Davon 3 mit Leberwurst (fein), 2 mit Emmentaler.	Normal.
Bewegung am Tag: Jeweils morgens und abends ca. 10 min. Gehen zur Straßenbahn.			

Tag 4			
Uhr-zeit	Mahlzeit/ Snack	Das habe ich gegessen/ getrunken	So habe ich mich nach den Essen gefühlt
07:00	Frühstück	2 Schüsseln Kölln Müsli Knusper Schoko Krokant, mit fettarmer Milch. Eine Tasse Kaffee.	Normal.
10:30	Snack	Ein Snickers, eine Tasse Kaffee, ein Glas 0,25l Orangensaft.	Normal.
12:00	Mittagessen	Ein Menü bei Burger King: Doppelwhopper, große Pommes, 0,5l Cola.	Normal.
15:30	Snack	Eine Banane, zwei Tassen Kaffee.	Normal.
18:30	Abendbrot	Eine große Tiefkühlpizza Hawaii. 2 Gläser Orangensaft 0,3l.	Normal.
Bewegung am Tag: Jeweils morgens und abends ca. 10 min. Gehen zur Straßenbahn. Abends ca. 20 min. Gehen zum Einkaufen.			

Tag 5			
Uhrzeit	Mahlzeit/ Snack	Das habe ich gegessen/ getrunken	So habe ich mich nach den Essen gefühlt
07:00	Frühstück	Drei helle Weizenbrötchen mit Margarine: Zwei mit Marmelade, ein halbes mit einer Schelbe Gouda, ein halbes mit einer Scheibe Geflügelsalami. Eine Tasse Kaffee à 0,3l	Normal.
10:00	Snack	1 Snickers, normale Größe. Bis zum Mittagessen zwei Tassen Kaffee.	Normal.
12:00	Mittagessen	Currywurst Pommes. Eine normalgroße Currywurst, doppelte Portion Pommes mit Mayo. Nach dem Essen ein Eis (Magnum Mandel). Ein Glas 0,5l Coca Cola.	Normal.
15:30	Snack	Ein Apfel. Bis zum Abend zwei Tassen Kaffee.	Normal.
18:30	Abendbrot	Fünf Scheiben Vollkornbrot mit Margarine. 2 Scheiben mit Gouda, 1 mit Emmentaler, 2 Scheiben mit Fleischwurst.	Normal.
Bewegung am Tag: Jeweils morgens und abends ca. 10 min. Gehen zur Straßenbahn. Abends ca. 20 min. Gehen zum Einkaufen.			

Tag 6			
Uhrzeit	Mahlzeit/ Snack	Das habe ich gegessen/ getrunken	So habe ich mich nach den Essen gefühlt
09:30	Frühstück	Drei Vollkornbrötchen mit Margarine: Zwei mit Marmelade, ein halbes mit einer Scheibe Gouda, ein halbes mit einer Scheibe Geflügelsalami. Drei Tassen Kaffee à 0,3l.	Normal.
12:30	Mittagessen	zwei Teller Spaghetti Bolognese, ein Glas 0,5l Cola, ein Magnum Mandel Eis.	Normal.
16:00	Kaffee und Kuchen	3 Stück Kuchen: 1 Schwarzwälder Kirsch, 1 Streuselkuchen,1 Marmorkuchen. 3 Tassen 0,3l Kaffee.	Normal.
15:30	Snack	Ein Apfel. Bis zum Abend zwei Tassen Kaffee.	Normal.
18:30	Abendbrot	4 Scheiben Vollkornbrot mit Margarine, alle vier mit feiner Leberwurst. 2 Gläser 0,3l Orangensaft.	Normal.
Bewegung am Tag: Nachmittags der Weg zum Bäcker. Ca. insgesamt 20 min Gehen.			

Tag 7			
Uhrzeit	Mahlzeit/ Snack	Das habe ich gegessen/ getrunken	So habe ich mich nach den Essen gefühlt
10:00	Frühstück	2 Vollkornbrötchen mit Margarine. Beide mit Marmelade. Rührei aus 4 Eiern, dazu 100g Speck. 2 Gläser à 0,3l Orangensaft. Zwei Tassen à 0,3l Kaffee.	Satt.
14:00	Mittagessen	Einen Big Mac, eine große Pommes mit Mayonnaise, 9 Chicken McNuggets mit Süßsauer-Sauce, eine Coca Cola 0,5l. Ein McFlurry Eis mit Smarties.	Sehr voll gegessen.
19:00	Abendbrot	4 Scheiben Vollkornbrot mit Margarine. Drei davon mit Truthahnwurst, eine mit Gouda. Ein Glas 0,3l Orangensaft, eine Tasse Kaffee.	Normal.
Bewegung am Tag: Abends ca. 30 min. langsames Spazierengehen.			

Tag 1

Nahrungsmittel/ Nährstoff	kcal	Eiweiß	Fett	Kohlen hydrate	davon Zucker
3 Weizenbrötchen (45g pro Brötchen)	367,2	13,15	5,4	74,25	4,05
Margarine (5g pro Scheibe Brot/ Brötchenhälfte)	216	0	24	0	0
Marmelade (10g pro Scheibe Brot/ Brötchenhälfte)	96,8	0	0	24	24
Gouda (30g pro Scheibe)	76,8	5,7	9,3	0	0
Geflügelsalami (25g pro Scheibe)	59	3,25	16,75	1	0,75
2 Gläser 0,3 Liter Orangensaft	264	6	0	54	54
2 Tassen 0,3 Liter Kaffee	12	0	0	0	0
1 Snickers	242	4,3	11,4	30,1	25,75
2 Tassen 0,3 Liter Kaffee	12	0	0	0	0
Bratwurst	409,5	18	37,5	0	0
Pommes mit Ketchup	243,25	3,5	10,5	31,5	7
großes Vanilleeis (100g)	174	4	0	22	22
0,5 Liter Coca Cola	210	0	0	53	53
1 Apfel	54	0	1	11	10
2 Tassen 0,3 Liter Kaffee	12	0	0	0	0
5 Scheiben Vollkornbrot (50g pro Scheibe)	507,5	17,5	2,5	100	2,5
Margarine (5g pro Scheibe Brot/ Brötchenhälfte)	180,5	0	20	0	0
3 Scheiben Gouda (30g pro Scheibe)	76,8	5,7	9,3	0	0
2 Scheiben Geflügelsalami	118	6,5	33,5	2	1,5
0,5 Liter Mineralwasser	0	0	0	0	0
Gesamt	**3331,35**	**87,6**	**181,15**	**402,85**	**204,55**

Tag 2

Nahrungsmittel/ Nährstoff	kcal	Eiweiß	Fett	Kohlen hydrate	davon Zucker
2 Weizenbrötchen (45g pro Brötchen)	244,8	8,7667	3,6	49,5	2,7
Margarine (5g pro Scheibe Brot/ Brötchenhälfte)	144	0	16	0	0
Marmelade (10g pro Scheibe Brot/ Brötchenhälfte)	113	0	0	12	12
Gouda (30g pro Scheibe)	76,8	5,7	9,3	0	0
Geflügelsalami (25g pro Scheibe)	59	3,25	16,75	1	0,75
1 gekochtes Ei	93	7,8	6,6	0,6	0,6
2 Tassen 0,3 Liter Kaffee	12	0	0	0	0
1 Banane	110	1,25	0	25	21,25
2 Tassen 0,3 Liter Kaffee	12	0	0	0	0
Wiener Schnitzel (200g)	400	36	12	34	2
Kartoffelsalat mit Mayonnaise (200g)	204	4	8,8	26	2
2 Tassen 0,3 Liter Kaffee	12	0	0	0	0
5 Scheiben Vollkornbrot (50g pro Scheibe)	507,5	17,5	2,5	100	2,5
Margarine (5g pro Scheibe Brot/ Brötchenhälfte)	180,5	0	20	0	0
1 Scheibe Gouda (30g pro Scheibe)	76,8	5,7	9,3	0	0
4 Scheiben Geflügelsalami	236	13	67	4	3
0,5 Liter Mineralwasser	0	0	0	0	0
Gesamt	**2.481,4**	**102,97**	**171,85**	**252,1**	**46,8**

Tag 3

Nahrungsmittel/ Nährstoff	kcal	Eiweiß	Fett	Kohlen hydrate	davon Zucker
3 Weizenbrötchen (45g pro Brötchen)	367,2	13,15	5,4	74,25	4,05
Margarine (5g pro Scheibe Brot/ Brötchenhälfte)	216	0	24	0	0
Marmelade (10g pro Scheibe Brot/ Brötchenhälfte)	96,8	0	0	24	24
Gouda (30g pro Scheibe)	76,8	5,7	9,3	0	0
Geflügelsalami (25g pro Scheibe)	59	3,25	16,75	1	0,75
1 Tasse 0,3 Liter Kaffee	6	0	0	0	0
Mars-Riegel (51g)	228,48	1,938	8,466	35,751	32,64
3 Tassen 0,3 Liter Kaffee	18	0	0	0	0
Lasagne (400g)	676	32	36	60	4
0,5 Liter Orangensaft	215	5	2,5	45	45
1 Banane	110	1,25	0	25	21,25
2 Tassen 0,3 Liter Kaffee	12	0	0	0	0
5 Scheiben Vollkornbrot (50g pro Scheibe)	507,5	17,5	2,5	100	2,5
Margarine (5g pro Scheibe Brot/ Brötchenhälfte)	180,5	0	20	0	0
3 Mal Leberwurst, fein (je 30g)	299,7	14,4	27	0,9	0
2 Scheiben Emmentaler (je 30g)	224,4	21,6	15,6	0	0
0,5 Liter Mineralwasser	0	0	0	0	0
Gesamt	**3293,38**	**115,79**	**167,52**	**365,901**	**134,19**

Tag 4

Nahrungsmittel/ Nährstoff	kcal	Eiweiß	Fett	Kohlen hydrate	davon Zucker
2 Schüssel Kölln Müsli Knusper Schoko Krokant (je 50g)	443	10,5	17,2	61,6	20,1
dazu 200ml fettarme Milch	92	6	4	8	8
1 Tasse 0,3 Liter Kaffee	6	0	0	0	0
1 Snickers	242	4,3	11,4	30,1	25,75
1 Tasse 0,3 Liter Kaffee	6	0	0	0	0
0,25 Liter Orangensaft	107,5	2,5	1,25	22,5	22,5
1 Doppelwhopper von Burger King	848,5	45,1	50,4	45,4	14,8
King Pommes groß	306,2	3,5	14,6	41	1
0,5 Liter Cola	210	0	0	53	53
1 Banane	110	1,25	0	25	21,25
2 Tassen 0,3 Liter Kaffee	12	0	0	0	0
1 Tiefkühlpizza Hawaii, Dr. Oetker	777,45	30,53	30,53	91,235	16,685
2 Gläser 0,3 Liter Orangensaft	264	6	0	54	54
Gesamt	**3424,65**	**109,68**	**129,38**	**431,835**	**237,09**

Tag 5

Nahrungsmittel/ Nährstoff	kcal	Eiweiß	Fett	Kohlen hydrate	davon Zucker
3 Weizenbrötchen (45g pro Brötchen)	367,2	13,15	5,4	74,25	4,05
Margarine (5g pro Scheibe Brot/ Brötchenhälfte)	216	0	24	0	0
Marmelade (10g pro Scheibe Brot/ Brötchenhälfte)	96,8	0	0	24	24
Gouda (30g pro Scheibe)	76,8	5,7	9,3	0	0
Geflügelsalami (25g pro Scheibe)	59	3,25	16,75	1	0,75
1 Tasse 0,3 Liter Kaffee	6	0	0	0	0
1 Snickers	242	4,3	11,4	30,1	25,75
2 Tassen 0,3 Liter Kaffee	12	0	0	0	0
Currywurst	409,5	18	37,5	0	0
Curryketchup	16,5	0,03	0	3,6	3,45
Doppelte Portion Pommes	987	12	60	99	3
Magnum Mandel	283,8	4,3	18,06	25,8	24,94
0,5 Liter Cola	210	0	0	53	53
1 Apfel	54	0	1	11	10
2 Tassen 0,3 Liter Kaffee	12	0	0	0	0
5 Scheiben Vollkornbrot (50g pro Scheibe)	507,5	17,5	2,5	100	2,5
Margarine (5g pro Scheibe Brot/ Brötchenhälfte)	180,5	0	20	0	0
2 Scheiben Gouda (30g pro Scheibe)	153,6	11,4	18,6	0	0
1 Scheibe Emmentaler (je 30g)	112,2	10,8	7,8	0	0
2 Scheiben Fleischwurst (30g pro Scheibe)	180	7,2	16,8	0	0
0,5 Liter Mineralwasser	0	0	0	0	0
Gesamt	**4182,4**	**107,63**	**249,11**	**421,75**	**151,44**

Tag 6

Nahrungsmittel/ Nährstoff	kcal	Eiweiß	Fett	Kohlen hydrate	davon Zucker
3 Vollkornbrötchen	297	10,8	2,7	56,7	1,35
Margarine (5g pro Scheibe Brot/ Brötchenhälfte)	216,6	0	24	0	0
Marmelade (10g pro Scheibe Brot/ Brötchenhälfte)	96,8	0	0	24	24
Gouda (30g pro Scheibe)	76,8	5,7	9,3	0	0
Geflügelsalami (25g pro Scheibe)	59	3,25	16,75	1	0,75
3 Tassen Kaffee 0,3l	18	0	0	0	0
2 Teller Spaghetti Bolognese	700	30	15	105	0
0,5 Liter Cola	210	0	0	53	53
Magnum Mandel	283,8	4,3	18,06	25,8	24,94
1 Stück Schwarzwälder Kirschtorte	333,6	6	18	37,2	24
1 Stück Streuselkuchen	241,5	5,25	8,25	36,75	9
1 Stück Marmorkuchen	269,5	4,2	14,7	30,1	16,1
3 Tassen Kaffee 0,3l	18	0	0	0	0
1 Apfel	54	0	1	11	10
2 Tassen 0,3 Liter Kaffee	12	0	0	0	0
5 Scheiben Vollkornbrot (50g pro Scheibe)	406	14	2	80	2
Margarine (5g pro Scheibe Brot/ Brötchenhälfte)	144,4	0	20	0	0
feine Leberwurst	399,6	19,2	36	1,2	0

Nahrungsmittel/ Nährstoff	kcal	Eiweiß	Fett	Kohlen hydrate	davon Zucker
2 Gläser 0,3 Liter Orangensaft	264	6	0	54	54
Gesamt	4.100,6	108,7	185,76	515,75	219,14

Tag 7

Nahrungsmittel/ Nährstoff	kcal	Eiweiß	Fett	Kohlen hydrate	davon Zucker
2 Vollkornbrötchen (45g pro Brötchen)	198	7,2	1,8	37,8	0,9
Margarine (5g pro Scheibe Brot/ Brötchenhälfte)	144,4	0	16	0	0
Marmelade (10g pro Scheibe Brot/ Brötchenhälfte)	96,8	0	0	24	24
Rührei aus 4 Eiern	372	31,2	26,4	2,4	2,4
100g geräucherter Schweinespeck	615	9	65	0	0
2 Gläser 0,3 Liter Orangensaft	264	6	0	54	54
2 Tassen 0,3 Liter Kaffee	12	0	0	0	0
Big Mac	509	27	26	42	8,7
Große Pommes	448	5,1	22	55	0,5
Mayonnaise	140	0,2	15	0,7	0,3
9er Nuggets	402	25	21	27	0,6
Süß-Sauer Soße	50	0,2	0,3	11	11
Coca Cola 0,5 Liter	210	0	0	53	53
Mc Flurry mit Smarties	345	5,6	11	55	50
4 Scheiben Vollkornbrot (50g pro Scheibe)	406	14	2	80	2
Margarine (5g pro Scheibe Brot/ Brötchenhälfte)	144,4	0	16	0	0
3 Scheiben Geflügelmortadella (25g pro Scheibe)	177	9,75	14,25	3	2,25
1 Scheibe Gouda (30g pro Scheibe)	76,8	5,7	9,3	0	0
1 Glas 0,3 Liter Orangensaft	132	3	0	27	27
Eine Tasse 0,3 Liter Kaffee	6	0	0	0	0
Gesamt	4748,4	148,95	246,05	471,9	236,65

Die Tabellen enthalten für die gegessenen/ getrunkenen Nahrungsmittel die addierten Nährstoffe.
Beispiel:
Als gegessenes Nahrungsmittel stehen „2 Scheiben Gouda (30g pro Scheibe)" in der Tabelle. Dan sind die Nährstoffe bereits kumuliert, also für 2 Scheiben = 60g angegeben. Die Nährstoffe sind also keine 100g-Angaben, sondern entsprechen bereits den tatsächlichen aufgenommenen.
Zur Mengenangabe siehe auch das Ernährungsprotokoll.

Die Daten sind entnommen:

Haeseker/ Haeseker: Nährstoffe in Lebensmitteln
Websites McDonalds und Burger King